Die Dohle

Corvus monedula

*2. unveränd. Auflage, Nachdruck
der 1. Auflage von 1989*

Mit 73 Abbildungen

Rolf Dwenger

W
V Die Neue Brehm–Bücherei Bd. 588
Westarp Wissenschaften · Magdeburg · 1995
Spektrum Akademischer Verlag · Heidelberg · Berlin · Oxford

Die Deutsche Bibliothek — CIP-Einheitsaufnahme

Dwenger, Rolf:
Die Dohle: Corvus monedula / von Rolf Dwenger. –
2., unveränd. Aufl., Nachdr. der 1. Aufl. von 1989. –
Magdeburg: Westarp–Wiss.; Heidelberg: Spektrum Akad. Verl., 1995
  (Die Neue Brehm-Bücherei; Bd. 588)
   ISBN 3-89432-372-8
NE: GT

© 1995 Westarp Wissenschaften,
Wolf Graf von Westarp, Magdeburg

Publiziert in Zusammenarbeit mit
Spektrum Akademischer Verlag, Heidelberg

Druck und Bindung: Hartmann, Ahaus

Vorwort

Unter den Rabenvögeln der Gattung *Corvus* sind die Dohlen die kleinsten, aber auch die anmutigsten Vertreter. Als typische Kulturfolger bewohnen sie dichtbesiedelte Städte wie auch abgelegene Burgruinen und beleben hier wie dort die Landschaft mit ihren verwegenen Flugspielen und ihren auffälligen Rufen.

Es war Konrad Lorenz, der schon vor 60 Jahren das Sozialleben der Dohlen studierte wie kein anderer Tierforscher zuvor. Er zog ganze Scharen auf und beschrieb ihr Temperament, ihre Lernfähigkeit, ihre Triebhandlungen und ihre Anhänglichkeit gegenüber dem Pfleger. So wurde die Dohle mehr in das Interesse breiter Kreise gerückt und gewann bei vielen Menschen ganz erheblich an Sympathie. Daran hat sich bis heute nichts geändert, wenn auch leider in zunehmendem Maße die Dohlen aus dem Gesichtsfeld vieler Menschen entschwinden: Der moderne Städtebau, insbesondere in der Phase des Wiederaufbaues zerstörter Städte nach 1945, hat den Dohlen viele Brutstätten entzogen, und in vielen Städten fehlen diese Vögel längst. Aber auch die Baumhöhlenbrüter unter den Dohlen sind vom Bestandsrückgang betroffen, besonders durch das Abholzen alter Höhlenbäume, die ihnen als Brutstätten dienten.

Wenn wir den vielerorts erschreckenden Bestandsrückgang aufhalten wollen, müssen wir das ganze Spektrum der ökologischen Zusammenhänge und Probleme zu überblicken versuchen und Möglichkeiten der Bestandshebung und Wiederansiedlung in die Diskussion einbeziehen. Hierzu soll diese Monographie einen Beitrag leisten. Um die allgemein negative Bestandsentwicklung in der DDR etwas deutlicher als durch pauschale Einschätzungen darzustellen, wurden einige avifaunistische Daten aufgenommen.

Stadtroda, im Oktober 1986   Rolf Dwenger

Inhaltsverzeichnis

1. Allgemeines über die Dohle

Die Familie der Krähenvögel (Corvidae) ist mit 7 Gattungen und 11 Brutvogelarten in Mitteleuropa vertreten. Zur Gattung *Corvus* gehört der Kolkrabe als größter Vertreter, sodann Rabenkrähe, Nebelkrähe, Saatkrähe und die Dohle als kleinster Vertreter. Von diesen Arten ist die Dohle der einzige Höhlenbrüter, was allgemein für hohle Bäume, Mauerlöcher in Gebäuden und Felshöhlen gilt. Dohlen sind Allesfresser und somit in einem breiten Nahrungsspektrum sehr anpassungsfähig. Die Hauptnahrung sind Insekten und Weichtiere, was für die wärmere Jahreszeit bzw. Brutsaison gilt. In der Zeit von Oktober bis März kann sich die Dohle fast ausschließlich vegetabilisch ernähren. Im Nahrungserwerb ähnelt sie, von Frieling (1942) noch als Raubvogel bezeichnet, den anderen Krähenarten. In der Schädlichkeit, besonders was das Plündern von Singvogelnestern betrifft, rangiert die Dohle jedoch weit hinter den meisten Corviden.

Dohlen leben gesellig und sind im allgemeinen Koloniebrüter. Im Verbreitungsgebiet leben 3 Unterarten: die in großen Teilen Europas heimische Unterart *Corvus monedula spermologus* Vieillot, 1817, die in Skandinavien und Finnland lebende Unterart *Corvus monedula monedula* L., 1758, und die in Osteuropa als Brutvogel vorkommende *Corvus monedula soemmeringii* Fischer, 1811.

Dohlen sind keine „echten" Zugvögel, sondern Teilzieher. Ein gewisser Teil der Population überwintert in den Brutgebieten. Im Oktober/November setzt der Durchzug aus Osteuropa ein. Es findet bei ziehenden Dohlen oftmals eine Vergesellschaftung mit anderen Krähenarten statt, besonders mit Saatkrähen. In großen Schwärmen bevölkern Krähen und Dohlen hauptsächlich Grünflächen zur Nahrungssuche. An ihren durchaus angenehm klingenden „kjak"-Rufen kann man die Dohlen leicht heraushören. Bei günstigen Sichtverhältnissen sind die Dohlen an ihrer geringeren Größe, der schiefergrauen Färbung des Nackens und der Ohrdecken relativ leicht zu erkennen.

In vielen Städten und Landschaften der DDR, aber auch in anderen europäischen Staaten zeigt die Bestandsentwicklung der Dohle rückläufige Tendenz. Fast nie ist der Mangel an Nahrung die Ursache, sondern fast immer der Entzug der Brutstätten durch den Menschen. Mit dem Abriß oder bereits durch tiefgreifende Sanierung alter Gebäude werden Dohlenbrutplätze liquidiert, und kaum einmal erfolgt eine Wiederansiedlung in nachfolgend errichteten Neubauten. Geringe, unterhalb einer ausreichenden Reproduktionsrate liegende Bruterfolge leiten oftmals den Bestandsrückgang ein, der bis zur totalen Auflösung einer einstmals großen Kolonie führen kann. Zum Teil sind die Ursachen für das Nichtbesiedeln günstiger Lebensräume nicht ersichtlich, was bereits Niethammer (1937) vermerkt. Die vielfältigen ökologischen Ansprüche der Dohle sind uns jedenfalls noch nicht lückenlos bekannt.

Was für manche andere problematische heimische Vogelart gilt, trifft auch auf die Dohle zu: Die Erhaltung einer Dohlenpopulation, auf eine Kolonie bezogen, ist leichter und weniger aufwendig als Versuche zur Wiederbesiedlung verlassener Brutstätten oder gar eine völlige Neuansiedlung. Als Felsbrüter findet die Dohle in Großstädten, aber auch in kleineren Orten und Dörfern mit altem Mauerwerk ausreichender Höhe Brutmöglichkeiten. Kirchtürme, Schlösser und Burgen mit ihren Türmen oder Ruinen, das Mauerwerk von Viadukten und ähnlichen Brücken, auch Rüstlöcher in hohen, alten Gebäuden, das sind einige der typischen Nistorte für Mauerbrüter. Setzt hier die Renovierung ein mit Gerüstbau und monatelangen Arbeiten bis in die Brutzeit, so werden die Dohlen am Nisten gehindert. Leider lehren die Erfahrungen, daß auch nach abgeschlossener Renovierung die Dohlen oftmals nicht zurückkehren und ihre Brutplätze aufgeben.

Dohlen nisten auch in Baumhöhlen. Hier sind der Bestandsentwicklung ebenso Grenzen gesetzt. Hiebreife Bäume werden eines Tages gefällt, natürliche Feinde haben im Unterschied zu den Verhältnissen in Gebäuden gute Aussichten, sich Zugang zu den Baumhöhlen zu verschaffen, und auch abiotische Einflüsse (Nässe) können den Bruterfolg mindern bzw. ausfallen lassen.

2. Zur Systematik und Stellung im System

Nach Vaurie (1959) ist die Dohle zur Gattung *Corvus* gestellt und die Abtrennung einer eigenen Gattung *Coloeus* Kaup nicht mehr gebräuchlich. Somit erscheint das System vereinfacht:

Klasse:	*Aves*
Ordnung:	*Passeriformes*
Familie:	*Corvidae*
Gattung:	*Corvus*

Corvus corax	Kolkrabe
Corvus corone	Aaskrähe
Corvus corone corone	Rabenkrähe
Corvus corone cornix	Nebelkrähe
Corvus frugilegus	Saatkrähe
Corvus monedula	Dohle
Corvus dauuricus	Ostasiatische Elsterdohle

Wolters (1975–1982) trennt jedoch die Dohle wieder von der Gattung *Corvus* ab und führt sie in der Gattung *Coloeus* auf. Diesen Rückgriff auf eine veraltete (?) Stellung begründet Wolters (briefl., auszugsweise) so: „Nach dem Kriege (1945, Verf.) setzte sich dann im Einklang mit der Tendenz in den ersten Nachkriegsjahren, die Gattungen auszuweiten, der englische Brauch durch, *Coloeus* nicht mehr von *Corvus* zu trennen, obwohl das bis zu Witherbys Handbuch auch in England üblich war ... Für meine Artenliste spielte allerdings der Brauch keine Rolle bei der Abtrennung der Gattung *Coloeus*, vielmehr glaube ich aufgrund der doch recht deutlichen Unterschiede von den „echten" *Corvus*-Arten (Schnabelgestalt, Verteilung von Schwarz und Grau bzw. Weiß im Gefieder, Nistweise, Eier), daß die Dohlen sich schon früh vom Stammbaum der übrigen *Corvus*-Arten abgezweigt haben. Das legt eine generische Abtrennung von *Corvus* nahe ... Vielleicht werden eines Tages DNS-Hybridisationsversuche Klärung schaffen ... Die Annahme, daß die Dohlen sich als erste vom Stammbaum von *Corvus* lösten, d. h. bevor der *Corvus*-Ahn sich in weitere Arten aufspaltete, ist vielleicht noch nicht genügend gesichert, aber hat doch viel Wahrscheinlichkeit für sich, so daß ich glaube, daß sich die Abtrennung von *Coloeus* verteidigen läßt".

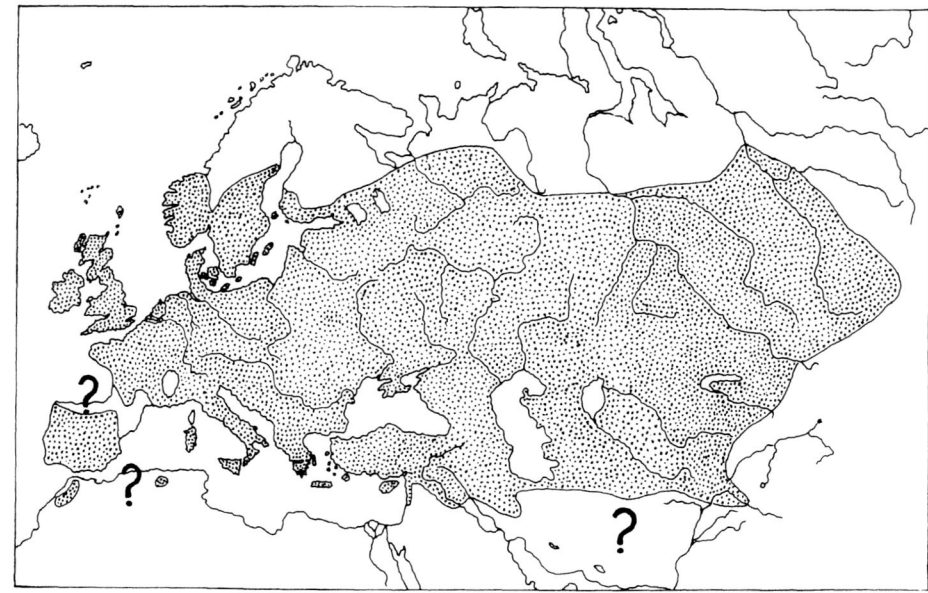

Abb. 1. Verbreitung von *Corvus monedula*. Nach V o o u s (1962).
In diesem gewaltigen Areal von fast 10 000 km Ausdehnung hat die Dohle zahlreiche Gebirgs-
züge wie auch maritime Hindernisse überwunden, aber die nur etwa 11 km breite Meerenge zwischen Sardinien (Sardegna) und Korsika (Corse) wurde nicht bewältigt, so daß Korsika unbesiedelt blieb

Betrachtet man noch die abweichende, quasi einzigartige Augenfarbe der Dohle im
Vergleich zu den übrigen *Corvus*-Arten, so ist die Bewertung morphologischer Unter-
schiede durch W o l t e r s nicht von der Hand zu weisen. (Zur genetisch manifestierten
Nistweise s. Kapitel 18.)

3. Zur Verbreitung

Nach V o o u s (1962) gehört die Dohle zum palaearktischen Faunentyp mit fast trans-
palaearktischer Verbreitung in der borealen, gemäßigten und mediterranen sowie in
der Steppen- und Wüstenzone. Die Nordgrenze erreicht in Schottland und stellenweise im europäischen Teil der Sowjetunion die Juli-Isotherme von 12 °C. In Finnland
und Skandinavien dehnt sich das Brutareal nach Norden aus. Diese Ausweitung
könnte mit dem Temperaturanstieg im 20. Jh. zusammenhängen, aber wohl eher eine
Folge des Vordringens der Landwirtschaft in die nordischen Wälder sein.
Die Verbreitungskarte von V o o u s zeigt ein riesiges, zusammenhängendes Areal,
das von Großbritannien und Portugal im Westen bis etwa 100° östlicher Länge bis fast
an den Baikalsee reicht. Im Norden verläuft die Arealgrenze durch das südliche Nor-

wegen und Schweden sowie einige Landesteile im mittleren und südlichen Finnland. Sie steigt bis 65 °N an, und zwar bis zum 50. ° östlicher Länge. Dann fällt sie wieder ab und verläuft oberhalb von 62 °N nach Osten (vgl. Abb. 1). Nach V o o u s trifft vermutlich *Corvus monedula* am Südwestufer des Baikalsees mit der Ostasiatischen Elsterdohle, *Corvus dauuricus*, zusammen, denn J o h a n s e n (zit. bei V o o u s) fand in diesem Gebiet (Irkutsk) einen vermutlichen Bastard.

Im Süden erreicht das Areal die Iberische Halbinsel mit sporadischen Brutplätzen im Norden Algeriens, und die Grenze verläuft ostwärts über Sizilien, Griechenland, Kleinasien, nördliche Teile des Iran und auf dem 35. Breitengrad, etwa bis in das Hochland von Kunlun Shan (Tarimbecken) in der VR China reichend. (Es ist dem Verbreitungsatlas von V o o u s (1962) nicht zu entnehmen, wo die Brutgebiete von *Corvus dauuricus* beginnen bzw. in das Areal von *C. monedula* hineinreichen).

Je ein Fragezeichen für Nordspanien, den Norden Algeriens sowie für große Gebiete

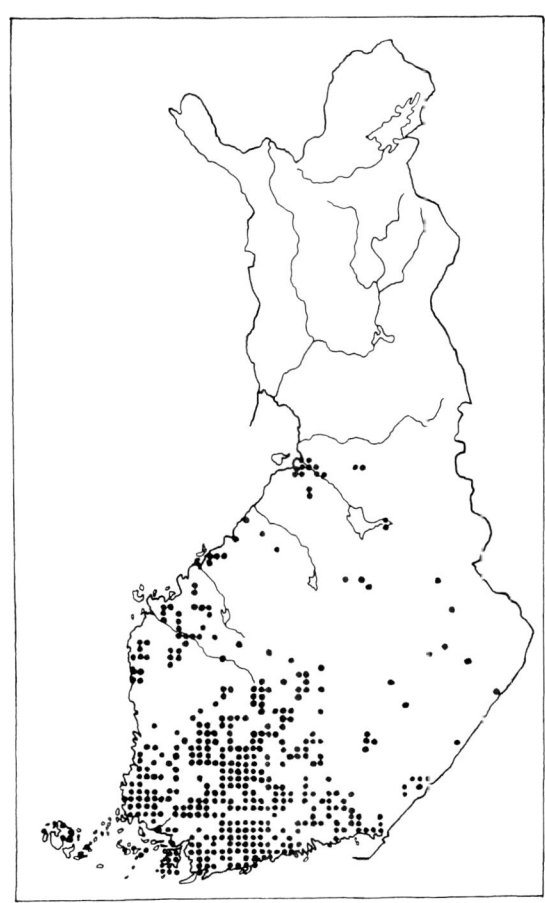

Abb. 2. Kartierte Brutplätze der Dohle in Finnland. Nach H y y t i ä, K e l l o m ä k i u. K o i s t i n e n 1983 (vereinf.)

des Iran sind nach Voous dafür kennzeichnend, daß das Vorkommen hier als unsicher gilt. Für das Gebiet entlang der Pyrenäen in Südfrankreich bis zur Linie Toulouse-Nimes, von Voous ausgespart, zeichnet Makatsch (1976) einen tiefen Keil, der von den Küstenlinien des Golfs von Biscaya gebildet wird und entlang der Garonne etwa 280 km weit in das Land reicht. Demnach scheint die Dohle in diesem Gebiet zu fehlen, doch steht dem die gegensätzliche Darstellung von Makatsch (1977) entgegen. Eine ähnliche Unsicherheit ist für die Verbreitung in Finnland festzustellen. Makatsch (1976) zeichnet das Areal bis zum Ende des Bottnischen Meerbusens (Kemi), was etwa dem 66. °N entspricht, aber nicht zutreffend ist. Zur Angabe von Niethammer (1937), wonach *C. m. monedula* bis etwa 63,5° nördlicher Breite vorkommt, ergibt sich eine Differenz von etwa 1100 km. Von Voous (1962) ist für Finnland der Süden des Landes als Brutgebiet angegeben, das sich im Westen nach Norden ausdehnt, aber nicht den 63. °N erreicht (Abb. 2). Durch Hyytiä, Kellomäki u. Koistinen (1983) sind wir endlich über die tatsächliche Verbreitung hinreichend unterrichtet.

3.1. Die Verbreitung der Unterarten

3.1.1. *Corvus monedula monedula L., 1758*

Nach Makatsch (1976) liegen die Brutgebiete von *C. m. monedula* in den südlichen Teilen von Norwegen, Schweden, in Südwestfinnland und Dänemark (Jütland, Jylland). Ringleben (1944) stellt nach Beobachtungen in Dorpat (Estnische SSR) im Gegensatz zu den meisten baltischen Ornithologen die dortigen Brutvögel zur Nominatform *C. m. monedula* und nicht zur östlichen Unterart *soemmeringii*. Dunkelhalsige Dohlen sollen hier offenbar stark überwiegen, wenn auch eine Annäherung an *soemmeringii* unverkennbar ist. Es ist anzunehmen, daß das kleine Staatsgebiet der Estnischen SSR im Vermischungsgebiet von *monedula* und *soemmeringii* liegt. Die Frage der Unterarten ist hier nicht eindeutig geklärt. Nach Härms (1927) ist *C. m. monedula* ein gewöhnlicher und zahlreicher Standvogel in den Städten, seltener in den größeren Parks der Siedlungen. Für Witherby et al. (1949) ist das Brüten von *C. m. monedula* in Estland nicht sicher: „... and apparently in Estonia".

Die Halsbanddohle *C. m. soemmeringii* wird hier hauptsächlich im Winter beobachtet, wenn sie aus ihren östlicher liegenden Brutgebieten nach Estland immigriert. Eck (1984) vermerkt, daß die meisten sowjetischen Autoren *C. m. monedula* als Halsbanddohle ansehen, also offenbar die Unterarten *monedula* und *soemmeringii* nicht taxonomisch trennen. Ein Blick auf die Verhältnisse in der Litauischen SSR macht dies deutlich. Ivanauskas (1964) nennt die angeblich hier heimische Unterart *Coloeus m. monedula*. Dem englischen Text ist jedoch zu entnehmen, daß Ivanauskas sich geirrt haben muß. (Dr. Veromann briefl.: „Nach seinem Text besteht kein Zweifel, daß er die Unterart *C. m. soemmeringii* gemeint hat ..."). Ivanauskas (1964) bemerkt wörtlich: „*Coloeus monedula monedula* (L.). ... Lithuanian birds, especially males, have the side of the neck a bright clear grey, almost white. I compared our Jackdaw with the Moscow ones and I have every reason to believe, that, as regards colour, they are completely alike, therefore, I list them to *C. m. monedula* (L.)".

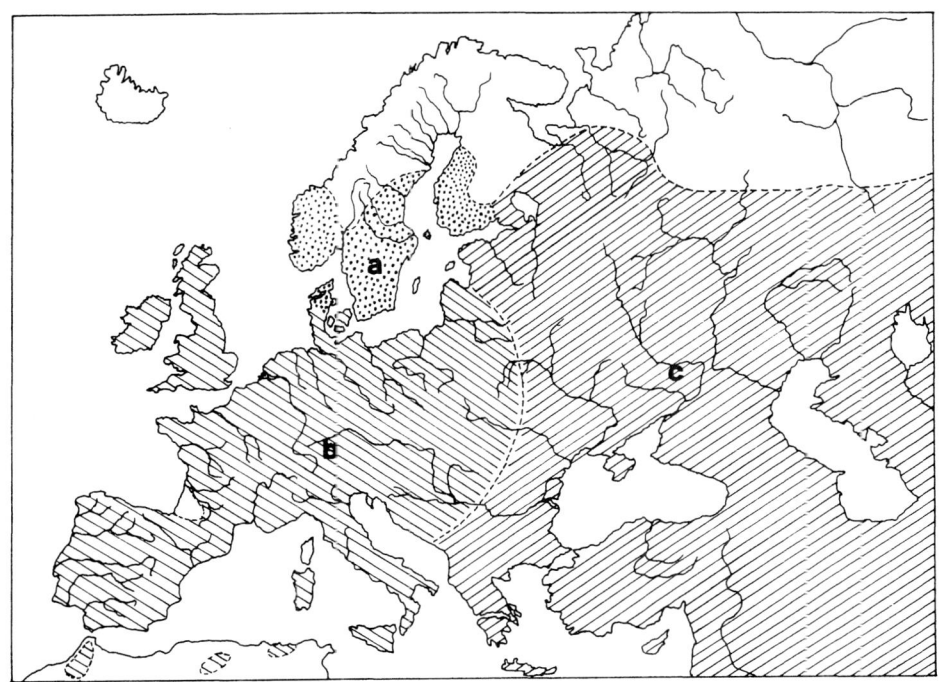

Abb. 3. Ungefähre Verbreitung der Unterarten von *Corvus monedula*. a *Corvus m. monedula*, b *Corvus m. spermologus*, c *Corvus m. soemmeringii*. Nach N i e t h a m m e r 1937, M a k a t s c h 1976 und V o o u s 1962

Hierin liegt der Irrtum, denn dann kann es sich in Litauen nicht um *C. m. monedula*, sondern nur um *C. m. soemmeringii* handeln.

3.1.2. *Corvus monedula spermologus* Vieillot, 1817

Die Brutgebiete dieser Unterart liegen nach M a k a t s c h (1976) in Europa westlich einer etwa vom südwestlichen Jütland (Jylland) durch Polen, Ungarn, Westrumänien, Italien bis Sizilien verlaufenden Linie. Das Areal reicht anschließend bis Marokko, nach V o o u s (1962) möglicherweise noch bis in den Norden Algeriens, wo ebenfalls inselartige Brutgebiete bewohnt werden.

3.1.3. *Corvus monedula soemmeringii* Fischer, 1811

Nach M a k a t s c h (1976) brütet diese Unterart weiter östlich als *C. m. spermologus*, anschließend in Vorderasien sowie im westlichen Asien ostwärts bis fast zum Baikalsee. Der Anschluß der Brutgebiete von *C. m. soemmeringii* ist nordwärts in den Baltischen

11

Staaten zu suchen. Kumari (1954, 1984) beschreibt für die Baltischen Staaten nur *C. m. soemmeringii*, die bis Westsibirien und südwärts bis zum nördlichen Balkan verbreitet ist. Für die Estnische SSR nennt er diese Dohle Zug-, Strich- und Standvogel (nach Härms 1927 nur Standvogel). Die Dohle ist hier sehr zahlreich vertreten. Der Gesamtbestand wird auf 30 000 BP geschätzt (Dr. Veromann briefl.). Ein Teil der Dohlenpopulation (hauptsächlich die Jungvögel) verläßt im Spätherbst Estland und verbringt den Winter in Polen. im Kaliningrader Gebiet der RSFSR, in der DDR und in weiter nach im SW liegenden Ländern.

Eine weitere Unterart soll in Nordwestafrika ihr Brutgebiet haben, nämlich nach Bährmann (1968) *Corvus monedula cirtensis* in Algerien.

Erwähnt werden muß in diesem Zusammenhang auch *Corvus dauuricus* Pallas. Diese interessante Dohlenform trifft am Baikalsee auf *C. m. soemmeringii* (Voous 1962). Eine ausführlichere Darstellung erscheint angebracht, zumal ihr systematischer Status umstritten ist.

4. Die Ostasiatische Elsterdohle, Corvus dauuricus Pallas, 1776

Engl.: Daurian Jackdaw

Von Mauersberger (1969) wird diese Dohle nicht aufgeführt. Sie wird von Kleinschmidt (1935) und Bährmann (1968) als Ostasiatische Dohle bezeichnet, von Mauersberger (in Eck 1984) und Wolters (1975–1982) als Elsterdohle, von Eck (1984) als Ostasiatische Elsterdohle und von Makatsch (1977) als Weißbauchdohle benannt. Naumann (1905) nennt sie die Daurische Dohle.

Wolters (1975–1982) sieht in dieser Dohle eine selbständige Art: *Coloeus dauuricus*. Das Areal wird angegeben mit dem südlichen Sibirien östlich des Jenissei (westlich bis Kansk), Mongolei, N- und W-China südwärts bis Jünnan (Yunnan). Var. *neglectus*.

Daß das (dunkle) *neglectus*-Kleid eine Varietät sein soll, wird von Kleinschmidt (1935) bestritten und der Nachweis geführt, daß es sich um das normale Jugendkleid dieser Dohle handelt. Daß individuelle Variationen des Jugendkleides möglich sind, wird von ihm an russischen und ostasiatischen Dohlen (von Tsingtau) nachgewiesen.

Auch Vaurie (1954) trennt die Elsterdohle ab und sieht im kontraststarken, schwarzweißen Färbungsmuster sowie in der unterschiedlichen Flügelformel Artunterschiede, ohne die Braunäugigkeit adulter *dauuricus* anzuführen (Eck 1984). Niethammer (1937) führt *C. dauuricus* ebenfalls als selbständige Art an.

Entsprechend der Passeres-Norm haben beide Dohlenarten – *C. monedula* und *C. dauuricus* – 12 Schwanzfedern, also symmetrisch je 6 Federn. In der Flügelformel weichen sie voneinander ab. Rustamow (in Dement'ev u. Gladkov 1954) gibt für *C. monedula* an: 4 = 3 > 5 > 6 > 2 > 7 > 8 > 9 > 10 > 1 (Zählung der Schwingen von außen nach innen!).

Eck (1984) verglich die Schwingenverhältnisse dieser beiden Dohlenarten, in denen sich auch ein Altersunterschied ausdrückt. Aus den Kombinationen von vier Handschwingen (H 10 zu H 1, H 9 zu H 6) bildete Eck vier Gruppen, um die Variabilität wie auch Alters- und Artunterschiede zwischen (deutschen) *monedula* und *dauuricus* zu verdeutlichen:

	C. monedula juv.	ad.	C. dauuricus juv.	ad.
a) H 10 < oder = 1, 9 < oder = 6	12,9%	27,6%	28,6%	77,4%
b) H 10 > 1 oder = 2, 9 < oder = 6	37,1%	53,0%	46,4%	19,4%
c) H 10 > 1, 9 > 6	19,4%	12,7%	0%	0%
d) H 10 = oder 2, 9 oder 6	30,6%	6,7%	25,0%	3,2%

(*monedula* juv. = 62, ad. = 134 Ex., *dauuricus* juv. = 28, ad. = 31 Ex.)

$$\text{Handflügelindex} \left(\frac{\text{Abstand 1. Armschwinge bis Flügelspitze} \cdot 100}{\text{Flügellänge, ausgedrückt in \%}} \right)$$

monedula juv. (69)	33,8–40,7%	x̄ 38,02	s 1,24
dauuricus juv. (28)	35,7–39,7%	x̄ 37,45	s 0,89
monedula ad. (144)	35,4–41,3%	x̄ 38,79	s 1,02
dauuricus ad. (32)	35,5–40,7%	x̄ 37,85	s 1,38
Schwanzflügelindex			
monedula juv. (66)	49,1–55,8%	x̄ 52,91	s 1,44
dauuricus juv. (28)	50,7–57,1%	x̄ 54,26	s 1,40
monedula ad. (143)	49,4–57,8%	x̄ 54,01	s 1,40
dauuricus ad. (29)	52,5–59,9%	x̄ 55,80	s 1,61

Kleinschmidt (1935) bezieht die Ostasiatische Elsterdohle in seinen Formenkreis ein und zeigt an 5 Bälgen den normalen Kleiderwechsel, vom Nestkleid über die Mauser vom Nest- zum Jugendkleid, das Jugendkleid (dunkel), die Mauser vom Jugend- zum Alterskleid (scheckig) und das Alterskleid mit großer Ausdehnung der Weißfärbung. Er beschreibt dieses Phänomen so: „Es gehört zum Wunderbarsten, was es in der Vogelwelt gibt: Eine Miniaturnebelkrähe verwandelt sich gleichsam in eine Miniaturrabenkrähe und wieder in eine Miniaturnebelkrähe zurück".

Kleinschmidt macht hierbei aufmerksam auf die gleiche, wenn auch weniger auffällige Verwandlung des Federkleides unserer Dohle, Corvus monedula, vom Nestkleid über das ebenfalls dunkle Jugendkleid bis zum Alterskleid.

Nach Eck (1984) sind die Eier beider Dohlen (C. monedula und C. dauuricus) hochgradig ähnlich, auch die Nistorte sind die gleichen. Bährmann (1968) schreibt: „Sie ist zweifellos mit unserer Dohle verwandt, obgleich sie durch das anders aussehende Alterskleid nur noch eine entfernte Ähnlichkeit mit ihr hat. Der Unterschied zwischen der europäischen und ostasiatischen Dohle ist mit dem der Raben- und Nebelkrähe vergleichbar. Über ihre systematische Stellung sind sich die Wissenschaftler nicht einig. Die einen halten beide Dohlen für vikariierende Rassen eines Formenkreises, die anderen auf Grund ihrer beträchtlichen Färbungsunterschiede im Alterskleid für selbständige Arten, obwohl beide in ihrem 1.Jahreskleid (Immaturus) weitgehend übereinstimmen".

Corvus dauuricus kommt in der Mongolischen VR wahrscheinlich nicht selten vor, denn Robel u. Königstedt (1985) sahen am 6.6.1983 während einer Touristenreise durch die Mongolei zahlreiche Elsterdohlen im ältesten Lama-Kloster Erdene dzuu. Diese Dohlen leben hier offenbar vergesellschaftet oder doch in enger Nachbarschaft mit Klippentauben, *Columba rupestris*.

Corvus dauuricus wurde als Irrgast für Finnland nachgewiesen (Makatsch 1977).

Von Weigold (1922) wurde in Südosttibet eine nur wenig von *Corvus dauuricus* abweichende Subspezies gefunden und als *Corvus monedula khamensis* beschrieben.

5. Namen

Der alte Gattungsname *Coloeus* (griechisch kolos) bedeutet gestutzt, kurz (hier auf den Schnabel bezogen).

Corvus (lat.)   der Rabe
monedula (lat.)   die Dohle

Englisch	Jackdaw
Russisch	галка (gesprochen: „Galka")
Tschechisch	Kavka obecná
Finnisch	Naakka
Polnisch	Kawka
Ungarisch	Csóka
Französisch	Choucas des tours
Italienisch	Taccola

Für die Unterart *C. m. soemmeringii* (Halsbanddohle)

Englisch	East European Jackdaw
Französisch	Choucas de Russie
Italienisch	Taccola di Russia
Estnisch	Kaelushakk

Naumann (1905) nennt u. a. aus dem deutschen Sprachschatz: Dohlen-Rabe, gemeine, graue und schwarze Dohle, Tole, Thule, Duhle, Turmkrähe, Turmrabe, Schneedahle, Dulle, Dalle, Dah, Hillekahne, Tolken, Domrabe, Thale, Tahe, Dagerle, Dälche, Thalicke, Talchen, Taleke.

Ein klangbildlicher Stamm ist ‚dalln, talln', was soviel wie schwatzen bedeutet. (Vergl. im Nieder- und Plattdeutschen ‚tellen, vertellen' für erzählen, siehe auch „Nestgesang" unter 7.10.)

Bei Hoffmann (1937), der hauptsächlich die Herkunft volkstümlicher Trivialnamen behandelt (Dohle „Jacob") ist nichts zur eigentlichen Herkunft des deutschen Artnamens zu finden.

Einige der von Naumann (1905) genannten Namen lassen sich auf das althochdeutsche ‚taha' und mittel- und frühneuhochdeutsche ‚tahe' zurückführen. Seit dem 13. Jahrhundert läßt sich eine Nebenform von ‚tahe' – ‚tole' nachweisen, die in frühneuhochdeutscher Zeit im Thüringischen als ‚dol(e)' geläufig war. Diese Form behauptet sich als Dohle uneingeschränkt schriftsprachlich seit dem 18. Jahrhundert (Dr. Willkomm briefl.).

Als fremde Trivialnamen werden von Naumann (1905) genannt:

Armenisch	Dtschai
Bulgarisch	Cavka
Dänisch	Allike, Kaa
Estnisch	Hakk-wares, Hakk

Auf den Faröern	Hetlandskraaka
Finnisch	Naaka, Hakkinen, Kirkkohakkinen
Französisch	Choucas gris, Petit corneille, Corbe
Griechisch	Kaliakounda, Karyā, Koloios
Grusinisch	Tschil-Chwaur
Holländisch	Kerkkaauw
Lettisch	Kowahrnis, Káhkis, Talkins, Kosa .
Litauisch	Kovarnis, Kuósa
Luxemburgisch	Klenge Metzerkuob
Norwegisch	Kaje, Kaa, Ravnkaate
Schwedisch	Kaja, Kyrkkaja, Allika, Tornkråka, Svartfågel
Spanisch	Graja, Grajo, Cornella blanca
Tatarisch	Tschauka

In weiten Teilen Jugoslawiens ist der Trivialname Cavka in Gebrauch.

6. Beschreibung

6.1. Kennzeichen und Gefiederfärbung

Unter den *Corvus*-Arten ist die Dohle mit knapp Taubengröße und 33 cm Länge der kleinste Vertreter. Im Verhältnis zum Kopf ist der Schnabel mit 3 cm Länge auffallend kürzer als bei den Krähen. Feldornithologisch gelten als wichtigste Kennzeichen außer der geringeren Größe der graue Nacken, die hellen Augen und die auffälligen „kjack"-Rufe, wodurch sie auch aus großen Krähenschwärmen leicht herauszuhören

Abb. 4. Flugbilder von Kolkrabe, Nebelkrähe und Dohle. Nach Makatsch 1977

ist. Im Gegensatz zu den anderen Krähenarten leben Dohlen gesellig, und man findet im Gelände unter normalen Umständen kaum einmal einen Einzelvogel. Werden Kirchen, Schlösser, Burgen und ähnliche Bauwerke von Dohlen bewohnt, so ist dies besonders zur Brutzeit an den oft schwarmweise fliegenden Vögeln schon aus großer Entfernung festzustellen.

Die Geschlechter gleichen sich in der Gefiederfärbung (Niethammer 1937, Makatsch 1956). Naumann (1905) vermerkt, daß beim Weibchen die grauen Zeichnungen dunkler sind und die schwarzen weniger glänzen, aber die Geschlechter doch sehr wenig in der Gefiederfärbung verschieden sind.

In den Gefiederfarben dominieren Schwarz und Grautöne. Scheitel, Flügel, Rücken und Schwanz sind schwarz. Der glänzend schwarze Scheitel ist scharf gegen den schiefergrauen Hinterhals und die etwas helleren Halsseiten abgesetzt. Die Ohrdecken sind oft noch etwas heller als die übrigen grauen Gefiederpartien an den Halsseiten. Jungen Dohlen fehlt der schwarze Gefiederglanz der Adulten, das Gefieder wirkt nur mattschwarz. Nach Niethammer (1937) wird durch Abnutzung im Sommer das ganze Gefieder der ad. heller, was von Kleinschmidt (1935) als Ausbleichen bezeichnet wird. Daß das Jugendgefieder bräunlich schieferfarben (Hartert 1910) oder bräunlichgrau (Makatsch 1977) sein soll, wird von Bährmann (1968) als Sonnenbrandmodifikation erklärt, der die Struktur der ersten Federanlage nicht standhält.

Totalalbinos sind recht selten, eher kommen leucistische Stücke vor. Auch der Albino aus Troina/Sizilien (Coll. U. Bährmann) ist nicht schneeweiß, sondern zeigt auf den Schwingen Graufärbung.

6.2. Maße und Gewichte

Niethammer (1937) gibt folgende Daten an:

Flügel	25 ♂	223–248 mm	im Durchschnitt 234,8 mm
	22 ♀	214–233 mm	im Durchschnitt 223,2 mm
Gewicht	5 ♂	224–257 g	im Durchschnitt 243 g
	4 ♀	193–215 g	im Durchschnitt 203 g.

Die Flügelspanne beträgt nach Stubbe (1977) 65–74 cm
Vergleichsweise die Gewichte größerer Corviden:

ad. ♂ Raben- und Nebelkrähe	im Durchschnitt 539 g
ad. ♀ Raben- und Nebelkrähe	im Durchschnitt 465 g
ad. Kolkrabe	im Durchschnitt 1250 g.

Als Faustregel gilt somit, daß Raben- und Nebelkrähe etwa das doppelte und der Kolkrabe etwa das fünffache Körpergewicht aufweisen.

6.3. Alterskennzeichen

Nach Kleinschmidt (1935) soll das Alter der Dohlen an den Schwanzfedern erkennbar sein. Die der Jungdohlen laufen am Ende schmal zu, bei den Alten schneiden sie

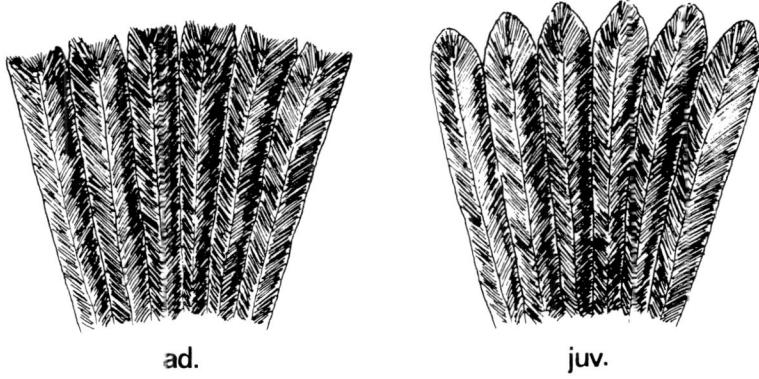

ad.   juv.

Abb. 5. Schwanzfedernenden als Alterskennzeichen von adulten und juvenilen Dohlen. Orig.

breiter ab und bleiben am Ende länger unverletzt. Naumann (1905) hält solche Dohlen für sehr alte Exemplare, deren weißgrauer Halsfleck ganz weiß ist oder sich sogar
zu einer Halsbandform ausdehnt. Somit besteht die Möglichkeit, daß hauptsächlich
zur Winterzeit solche Exemplare mit der aus Osteuropa einwandernden Unterart *Corvus m. soemmeringii* verwechselt werden können.

Nach Heinroth u. Heinroth (1924) haben junge Dohlen weißliche Augen, was
von Kleinschmidt (1935) als ungenau und unrichtig kritisiert wird. Dohlen im
Nestkleid haben eine hellbläuliche Iris. Mit der Verfärbung des Federkleides geht die
der Augen einher. Im Jugendkleid ist die Iris weißlich mit braunen Flecken um die
Pupille. Mit der Aufhellung vom Jugend- zum Alterskleid schwindet die Braunflek-
kung aus dem Auge, und Kleinschmidt beschreibt die Augen ganz alter Vögel mit
rein milchweiß, mit einem Stich ins Bläuliche. Die exakte Feststellung der Augenfarbe
ist jedoch nur an lebenden Vögeln möglich.

6.4. Zur geographischen Variation

Wie bei einigen anderen Vogelarten auch, erfolgt in Richtung Osten eine Aufhellung
des Gefieders und in Richtung Westen/Südwesten eine auffällige Dunkelfärbung.
Naumann (1905) betont für *C monedula* die Erscheinung, daß das Weiß im Gefieder
zunimmt, je weiter wir nach Osten vorrücken. Andererseits stellt Bährmann (1968)
die Verdunklung des Gefieders fest, die von Osten nach Südwesten zunimmt und im
dunkelsten Extrem in Marokko endet, von Kleiner (1939) *Corvus m. nigerrimus* genannt.

Auch innerhalb deutscher Dohlen-Populationen sind Hell-Dunkel-Variationen in
der Gefiederfärbung nachgewiesen. Kleinschmidt (1935) wies das deutliche Variieren der Halsringausprägung bei 4 Populationen sicherer Brutvögel durch Balgvergleich
nach, aus dem der gleitende Übergang von relativ hellhalsigen Dohlen aus dem Norden der Sowjetunion (Gebiet Smorgon) zu dunkelhalsigen Dohlen am Mittelrhein (In-
gelheim) sowie Vögeln aus dem damaligen Ostpreußen (Heilsberg, heute: Lidzbork

Warminski, Woj-Olsztyn) und Mitteldeutschland (Marburg und Wittenberg) hervorgeht und unterscheidet eine

(damalige) ostpreußische Form   (f. *tischleri*)
Form für den Norden der SU   (f. *schlüteri*)
mitteldeutsche Form   (f. *brehmi*)
mittelrheinische Form   (f. *hilgerti*).

Er stellt hierzu fest:

1. „daß auch in Nordrußland die Ausdehnung der weißen, oft fast einen Ring bildenden Halsflecken variiert,
2. daß dieser Fleck in Ostpreußen (jetzt Staatsgebiet der VR Polen bzw. der UdSSR; Anm. Verf.) bei einem Teil der Brutvögel fehlt,
3. daß er bei mitteldeutschen Brutvögeln noch ziemlich groß, aber seltener auftritt,
4. daß er am Rhein bei Brutvögeln noch vorkommt und noch seltener ist.

... Es ist grundfalsch und aussichtslos, Dohlen einfach nach dem Vorhandensein oder Fehlen eines Halsbandes als *soemmeringii* oder *monedula* bzw. *spermologus* bestimmen zu wollen. Tafel IV soll zeigen, daß es sich künftig um die sehr schwer zu beantwortende Frage handelt, ob das, was sich hier als unbestreitbar deutliche Tatsache zeigt, ein selbständiges Variieren von vier Populationen oder ein graduelles Vermengen einer weißhalsigen Ostrasse *(torquata)* und einer dunkelhalsigen Westrasse (*nigra* apud Schlegel) in vier Stufen des gegenseitigen Quantenverhältnisses ist".

Bährmann (1968) fand an seinem Vergleichsmaterial aus der Niederlausitz bestätigt, daß die Dohlen jenseits des Rheins nicht nur in ihrer Nackenfärbung, sondern auch in ihrem Gesamtbild dunkler sind als in Mitteleuropa. Auch zwischen ost- und mitteleuropäischen Dohlen werden von Bährmann die Färbungsunterschiede (der Unterseite) nachgewiesen: 1 Ex. *C. m. soemmeringii* Fischer ♂ ad. aus dem ehemaligen Ostpreußen (jetzt Kaliningrader Gebiet) vom 1. November 1935 mit sehr heller Unterseite im Vergleich zu 2 Ex. *Corvus m. turrium* (Br.) ♂ ad. aus Lauchhammer (Kr. Senftenberg) vom 28. Okt. 1964 bzw. vom 24. Februar 1957, beide mit sehr dunkler Unterseite. Bährmann schreibt zum Vergleich dieser geographischen Variation: „Nach der anderen Seite unterscheiden sich die Lausitzer Dohlen von der östlichen *C. m. soemmeringii* durch eine dunklere Unterseite und den fehlenden, selten einmal angedeuteten Halsseitenfleck. Solche bei uns zur Brutzeit vereinzelt festgestellten Stücke scheinen im Frühjahr von den zurückflutenden Wintergästen nach dem Osten den Anschluß verloren zu haben. Sofern sie mit unseren Dohlen zur Brut schreiten, scheint sich ihr vereinzelter Einfluß auf die Nachkommenschaft nach mehreren Generationen wieder zu verlieren ..."

In den Grenzgebieten von *soemmeringii* und *spermologus* sollen Übergänge vorkommen. Den Anteil der Brutvögel mit Halsseitenfleck (ein *soemmeringii*-Merkmal) beziffert Tischler (1941) auf 25–30 Prozent. Die Breite des Vermischungsraumes läßt sich abschätzen aus der Angabe von Dobbrick (1921), der für das Weichselgebiet des ehemaligen Westpreußens (Pomorze, VR Polen) den Anteil mit 15,5 Prozent beziffert.

Auf der entgegengesetzten, westlichen Seite soll nach Kleiner (1939–1942) bereits in der Gegend von Bonn und von dort in südlicher Richtung das Gefieder dunkler werden.

Daß das typische Merkmal, der Halsseitenfleck, auch weit außerhalb des *soemmeringii*-Gebietes auftreten kann, zeigt eine italienische Dohle mit ausgeprägtem Halsseitenfleck, ♂ ad., Flügellänge 240 mm, von San Rossore bei Pisa vom 16. April 1933 aus der Sammlung von B ä h r m a n n (1968).

Auch die Körpergewichte und Flügellängen scheinen in östlicher Richtung zuzunehmen. Für die Dohle wird diese Größenvariation von Europa nach Sibirien von B ä h r m a n n festgestellt. Die durchschnittlich größten Flügellängen wurden in den Bergen Turkestans registriert. K l e i n s c h m i d t (1918) benannte die dort vorkommende extrem große Form *Corvus monedula ultracollaris.*

E c k (1984), der die ornithologische Sammlung von B ä h r m a n n untersuchte, verglich 321 Dohlenbälge nach ihren Flügelmaßen und Gefiederfärbungen. Der größte Teil stammt aus der Lausitz, deren Dohlen bisher entweder *spermologus* Vieillot, 1817 oder *turrium* (Brehm, 1831) zugeordnet wurden. K l e i n s c h m i d t (1935) erblickt in der Benennung *turrium* nur eine ökologische Varietät (Turmbrüter) und verzichtet auf die weitere Benutzung dieses Namens, um Untersuchungsergebnissen zu dieser Varietät der Nistweise (nämlich zum Wechsel vom Turm- zum Baumbrüten oder umgekehrt) nicht vorzugreifen.

K e v e (1960) nennt die Dohlen Ungarns *Corvus monedula turrium*, nachdem er zwischen *monedula* und *turrium* eine große Ähnlichkeit erblickte. V a u r i e (1959) entschied, daß *turrium* zu *spermologus* gehört und folgt damit H a r t e r t (1910–1922). Auch N i e t h a m m e r. K r a m e r u. W o l t e r s (1964) verfuhren in dieser Weise Nach B ä h r m a n n (1968) ist die mitteleuropäische Dohle „... eine nur schwach gekennzeichnete Rasse, auf die der Name *Corvus m. turrium* Anwendung findet. Das Verbreitungsgebiet, dessen Grenzen im Westen am Rhein und im Osten durch den westlichen Teil der Volksrepublik Polens verlaufen, dehnt sich nach Norden bis zur Nord- und Ostsee und nach Süden einschließlich der ČSSR bis Österreich und Ungarn aus. Sie ist wegen der geringen Verschiedenheiten eine umstrittene Rasse, die nicht allgemein anerkannt wird. – ... Eine Einschränkung bei der europäischen Dohle auf 4 Rassen läßt die subtilen Unterschiede unberücksichtigt, schließt aber ihr Vorhandensein nicht aus. Diese feinen Differenzierungen der geographischen Verschiedenheiten sind auf der Anfangsstufe stehengebliebene Endfärbungen in der Rassenbildung der europäischen Dohle." (B ä h r m a n n 1968).

D r u m m o n d (1846) benannte die Balkandohle nach Stücken aus Makedonien *Corvus monedula collaris.* Auch K l e i n e r (1939) erblickt in den hellen Exemplaren, die auf dem Balkan südlich der Donau und südlich der Karpaten vorkommen, reinrassige *Corvus m. collaris.*

E c k (1984) vermerkt, daß sich in der Systematik der Trend zeigt, in Europa nur noch zwei Subspezies anzuerkennen, *monedula* (incl. *soemmeringii, collaris*) und *spermologus* (incl. *turrium*).

6.5. Zur individuellen Variation

In dem von E c k (1984) verfaßten Katalog der ornithologischen Sammlung von U. B ä h r m a n n (4. Fortsetzung, *Corviden*) sind die aufgelisteten Dohlenbälge mit den von E c k ermittelten Maßen und Maßrelationen ein gutes Beispiel für die Bedeutung zur taxonomischen Zuordnung bei Untersuchungen an verschiedenen Populationen, hier zwei Serien aus den Gebieten um Lauchhammer und Dresden betreffend.

2*

In der folgenden Übersicht (aus Eck 1984) sind Maße und Maßrelationen dieses Sammlungsmaterials zusammengestellt. Die verwendeten Abkürzungen bedeuten:

V Variabilitätskoeffizient; s mal 100, geteilt durch x̄
m mittlerer Fehler des Mittelwertes, also s, geteilt durch die Wurzel aus n
H.I. Hand-Flügel-Index, S.F.I. Schwanz-Flügel-Index.

Lauchhammer – ♀♀ ad.

Flügellänge	219–243 mm	x̄ 230,96	m 0,73	s 5,32	V 2,30	n = 53
Schwanzlänge	112–133 mm	x̄ 123,22	m 0,60	s 4,41	V 3,58	n = 54
H. I.	35,4–41,3 %	x̄ 38,52	m 0,14	s 1,04	V 2,70	n = 53
S. F. I.	49,4–55,8 %	x̄ 53,50	m 0,21	s 1,49	V 2,79	n = 52
	(57,8 %)					

Dresden – ♀♀ ad.

Flügellänge	223–235 mm	x̄ 229,31	m 1,05	s 4,19	V 1,83	n = 16
Schwanzlänge	117–131 mm	x̄ 122,88	m 0,85	s 3,38	V 2,75	n = 16
H. I.	37,3–39,6 %	x̄ 38,36	m 0,20	s 0,80	V 2,09	n = 16
S. F. I.	51,9–55,7 %	x̄ 53,57	m 0,28	s 1,11	V 2,07	n = 16

Lauchhammer – ♀♀ juv.

Flügellänge	207–232 mm	x̄ 223,75	m 1,91	s 7,64	V 3,41	n = 16
Schwanzlänge	104–124 mm	x̄ 117,93	m 1,64	s 6,36	V 5,39	n = 15
H. I.	36,1–40,1 %	x̄ 38,30	m 0,23	s 0,93	V 2,43	n = 16
S. F. I.	49,8–54,2 %	x̄ 52,39	m 0,39	s 1,50	V 2,86	n = 15

Dresden – ♀♀ juv.

Flügellänge	213–235 mm	x̄ 223,94	m 1,33	s 5,65	V 2,52	n = 18
Schwanzlänge	108–126 mm	x̄ 117,94	m 1,25	s 5,30	V 4,49	n = 18
H. I.	36,2–40,0 %	x̄ 37,43	m 0,23	s 0,96	V 2,56	n = 18
S. F. I.	50,2–55,0 %	x̄ 52,64	m 0,31	s 1,30	V 2,47	n = 18

Lauchhammer – ♂♂ ad.

Flügellänge	230–250 mm	x̄ 240,50	m 0,56	s 4,23	V 1,76	n = 56
Schwanzlänge	124–139 mm	x̄ 130,89	m 0,46	s 3,64	V 2,78	n = 62
H. I.	36,8–40,9 %	x̄ 39,13	m 0,13	s 0,95	V 2,43	n = 56
S. F. I.	51,9–56,7 %	x̄ 54,48	m 0,16	s 1,20	V 2,20	n = 56

Dresden – ♂♂ ad. (incl. 1 Ex. aus Wurzen)

Flügellänge	228–248 mm	x̄ 237,28	m 1,36	s 5,75	V 2,42	n = 18
Schwanzlänge	121–134 mm	x̄ 128,67	m 0,96	s 4,06	V 3,16	n = 18
H. I.	36,3–40,8 %	x̄ 38,86	m 0,25	s 1,07	V 2,75	n = 18
S. F. I.	52,4–56,5 %	x̄ 54,22	m 0,28	s 1,18	V 2,18	n = 18

Lauchhammer – ♂♂ juv.

Flügellänge	213–240 mm	x̄ 230,17	m 1,78	s 7,55	V 3,28	n = 18
Schwanzlänge	112–130 mm	x̄ 121,76	m 1,47	s 6,07	V 4,99	n = 17
H. I.	33,8–40,7 %	x̄ 38,28	m 0,42	s 1,77	V 4,62	n = 18
S. F. I.	49,1–55,8 %	x̄ 52,95	m 0,44	s 1,82	V 3,44	n = 17

Dresden – ♂♂ juv. (incl. 1 Ex. aus Leipzig)

Flügellänge	221–244 mm	x̄ 231,76	m 1,73	s 7,15	V 3,09	n = 17
Schwanzlänge	118–131 mm	x̄ 122,71	m 1,02	s 4,19	V 3,41	n = 17
H. I.	36,3–40,0 %	x̄ 38,12	m 0,23	s 0,93	V 2,44	n = 17
S. F. I.	51,3–55,3 %	x̄ 53,31	m 0,27	s 1,07	V 2,01	n = 16

Der Umfang und die Bedeutung der numerischen Taxonomie für die objektive Erfassung meßbarer morphologischer Ähnlichkeiten wie auch subtiler Unterschiede verschiedener (hier sogar benachbarter) Populationen wird ersichtlich, wobei die visuelle Betrachtungsweise auf den Vergleich von Färbungsunterschieden beschränkt bleibt.

6.6. Mauserverlauf

Junge Dohlen treten in ihre erste Mauser, deren Beginn nach Bährmann (1937) in die Zeit von Ende Juni bis in die letzte Julidekade fällt. Bei den von mir aufgezogenen Dohlen setzte die erste Mauser später ein, nämlich erst Anfang August. Es ist nur das Kleingefieder betroffen. Die jahreszeitlichen Schwankungen werden von Bährmann mit der früheren oder späteren Beendigung des Fortpflanzungsgeschäftes begründet. Der an meinen Dohlen beobachtete spätere Mauserbeginn hatte nicht solche Ursachen, da normale Schlupftermine aus der ersten Maiwoche vorlagen.

Nach Bährmann zeigen sich die ersten Spuren der Mauser in der Ohrgegend und an den kleinen Unterflügeldecken, bei manchen Vögeln zuerst auf dem Rücken und auf der Oberbrust. An den Flügeln greift die Mauser zunächst auf die kleinen Flügeldecken am Armrand über, nach einigen Tagen bildet sich ein weiteres Mauserzentrum an den Weichen und nach etwa 8 Tagen auf dem Scheitel. Bereits nach 14 Tagen Mauserzeit stehen auch Kopf, Kinn und Hals voll im Federwechsel. Die Ohrdecken sind nun fast fertig vermausert. Auf der Körperunterseite sind neue Federn entstanden, die sich durch ihre dunklere Färbung von den alten Federn abheben. Inzwischen ist der Wechsel der mittleren Flügeldecken in Gang gekommen. An der Schnabelwurzel bilden sich vor der Entstehung neuer Schnabelborsten kahle Stellen. Wiederum 14 Tage später sind die kleinen Unterflügeldecken fast fertig vermausert, ebenso die meisten der oberen kleinen Flügeldecken. Auf der Körperoberseite heben sich die neuen Federn von den alten ab, die durch das Sonnenlicht (Sonnenbrand) braungefärbt sind. Der ganze Rücken sieht braunscheckig aus. Diese erste Mauser löst das Wachstum vieler Federn aus, deren Keime während der Entwicklung des Jugendkleides nicht zur Entfaltung kamen. Die gesamte Mauser dauert etwa 8 bis 10 Wochen.

Der nächste, im folgenden Jahr stattfindende Wechsel erstreckt sich über das gesamte Gefieder. Der Mauserbeginn wird von Bährmann nach vorsichtiger Berechnung an Bälgen, die um den 22. Juli im fortgeschrittenen Mauserstadium standen, mit der letzten Juniwoche angegeben. Die Mauser wird mit dem Verlust der 10. Handschwinge (von außen) eröffnet. Es folgen die jeweils benachbarten 9., 8. usw. im fortschreitenden deszendenten Verlauf bis zur 1. Schwinge. Im allgemeinen befinden sich jeweils 3 Schwungfedern an jedem Flügel gleichzeitig in der Mauser. Vor der Mauser der Armschwingen beginnt die der Steuerfedern, das mittlere Paar zuerst, dann beidseitig von innen nach außen, also divergent. In schneller Folge werden bis auf die beiden äußeren alle Schwanzfedern abgeworfen. Die Steuerfedern stehen im Gegensatz zu den Handschwingen fast alle gleichzeitig im Wachstum.

Nachdem die 5. Handschwinge abgeworfen und die 3 inneren Handschwingen neu gebildet sind, tritt die Mauser bei der 1. und 8. Armschwinge (von außen gezählt) in Aktion. Die weitere Mauser der Armschwingen erfolgt von jedem Zentrum aus aszendent (aufsteigend). (Daß es bei den Passeres eine solche feste Regel nicht grundsätzlich gibt, wies Heinroth (1898) an anderen Arten nach, deren Armschwingen einen konvergenten (gegeneinander, zusammenstrebend) Mauserverlauf zeigen.)

Den weiteren Verlauf der Mauser schildert Bährmann (1937) so (gekürzt, Verf.): „Die Handdecken mausern mit den Handschwingen zusammen, gleichzeitig und in derselben Reihenfolge, anschließend der Afterflügel. Unabhängig vom Großgefieder vollzieht sich der Wechsel der großen Flügeldecken ... Mit der Wachstumsgeschwindigkeit des Großgefieders verglichen, ist von den Handschwingen nicht die Hälfte und von den beiden inzwischen in Tätigkeit getretenen Mauserzentren der Armschwingen nur die zuerst abgeworfene Schwinge ausgewachsen.

Um diese Zeit sind bereits einzelne Federn der mittleren Flügeldecken ausgefallen ... Die kleinen Flügeldecken, die etwas frühzeitiger zu mausern beginnen, zeigen ein fortgeschritteneres Stadium. Sie nehmen bis zur völligen Vermauserung eine längere Zeit in Anspruch als die mittleren Flügeldecken ... Der für den Beginn des Kleingefiederwechsels zu beobachtende Zeitpunkt fällt mit dem Verlust der 6. Handschwinge (von außen) zusammen ... Der Wechsel des Großgefieders wird vor der vollendeten Vermauserung des Kleingefieders abgeschlossen. Gegen Ende September bis Anfang Oktober erfolgt der Abschluß der Mauserperiode des Kleingefieders und damit hat das Bestehen des 1. kombinierten Jahreskleides aufgehört ... Die vorausgegangene Mauserzeit dürfte etwa die Zeit von 12 Wochen umfassen. Sie kann aber auch etwas länger dauern infolge des Vorhandenseins vereinzelter im Wachstum zurückgebliebener Federn. Bis diese ihre volle Länge erreicht haben, verzögert sich das Ende der Mauserzeit bis in die zweite Hälfte des Oktober".

Nach Lorenz (1931) wird ein zuvor mangelhafter Gesundheitszustand der Dohlen durch die Mauser günstig beeinflußt.

7. Verhalten

7.1. Das Fliegen, einzeln und im Schwarm

Die Fluggeschwindigkeit beträgt nach Creutz (1965) auf dem Zug 60 km/h. Die gleiche Geschwindigkeit ermittelten Aschoff u. v. Holst (1960) auf Schlafplatzflügen der Dohlen, die sie mit dem Auto verfolgten. Damit ist die Dohle um 20 km/h schneller als Nebel- und Saatkrähe. Hinzu kommt die enorme Wendigkeit der Dohle, die im Vergleich mit Haustauben sehr auffällig ist. Der Flug von Einzelvögeln ist eher selten zu beobachten. Selbst Einzelbrüter fliegen zur Brutzeit oft paarweise zur Nahrungssuche bzw. zum Sammeln von Niststoffen. Nicht nur den Tauben, sondern auch etlichen anderen größenmäßig vergleichbaren Vogelarten ist die Dohle an Wendigkeit im Flug überlegen, indem sie Haken schlagen kann, also kurz vor dem angesteuerten Ziel ruckartig abdreht.

Im Schwarmfliegen kommt nach Lorenz (1931) der Herdentrieb dieser sozialen Corviden deutlich zum Ausdruck. Auch bei starkem Wind wird das Fliegen nicht eingestellt. Von ihren verwegenen Flugkünsten war Lorenz (1971) so beeindruckt, daß er fast schwärmerisch schrieb: „Und was treiben die Dohlen nicht alles mit dem Winde! ... Die Vögel spielen mit dem Sturm. Beinahe, immer nur beinahe, lassen sie dem Sturm seinen Willen, lassen sich vom Aufwind hoch in den Himmel werfen ...".

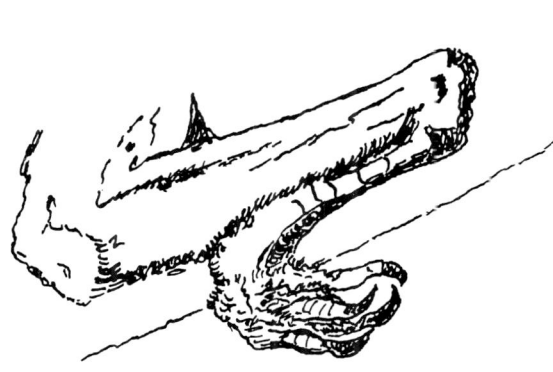

7.2. Das Laufen

Dohlen laufen alternierend, aber sie wechseln sehr oft in das Hüpfen über und können
sich so auch im Winkel von 45° fortbewegen. Der Wechsel vom alternierenden Laufen
in das Hüpfen wird bereits durch die geringste Erregung bei der Nahrungssuche oder
beim Sammeln von Nistmaterial ausgelöst, um etwa anderen Konkurrenten zuvorzu-
kommen.

Sodann springen Dohlen mit Flügelunterstützung auf dem Erdboden. Mit einem
Schmetterschlag der Flügel springen sie (etwa 35 cm in die Höhe) vorwärts, als wären
sie erschreckt worden. Bei dieser „Gangart" erbeuten sie meist Insekten.

7.3. Kamindohlen

Als „Kamindohlen" werden jene Dohlen bezeichnet, die in Schornsteinen nisten oder
auch nur zum Schlafen hinabklettern. Sie zeigen durch ihr Klettern ein gegenüber
„normalen" Gebäudebrütern abweichendes Verhalten. An den Kamindohlen in Heuk-
kewalde beobachtete ich oftmals ihr Verhalten vor dem Sprung in die Tiefe, um an das
Nest zu gelangen. Die Vögel stürzten sich niemals spontan oder „tollkühn" in den Kamin, sondern liefen stets eine gewisse Zeit unschlüssig auf dem Rand rundherum und
versuchten an verschiedenen Stellen den Einstieg. Die Dohlen hatten keinen vorzugs-
weise benutzten Einstieg (im Sinne eines Wildwechsels), sondern unternahmen, wie
von Ängstlichkeit geplagt, stets mehrmals Anlauf an verschiedenen Stellen auf dem
Kaminrand und sprangen mal hier, mal auf der gegenüberliegenden Seite hinunter.

Als Beobachter hat man den Eindruck, daß für Kamindohlen das Aufsuchen ihres
Nestes mit einer besonderen physischen Leistung verbunden ist, für deren fortwäh-
rende Wiederholung immer wieder ein gewisser Streß zu überwinden ist.

In Heuckewalde beträgt die Tiefe bis zum Nest 2,20 m. Über Maximaltiefen von Ka-
minoberkante bis zum Nest sind in der Literatur keine Angaben zu finden, diese werden 4 bis 5 m sicher nicht übersteigen.

Abb. 7. Dohle, im Kamin kletternd. Orig.

Mit den besonderen räumlichen Verhältnissen bei Kaminbruten scheint das Verhalten der Altvögel zu ihren Jungen, vielleicht auch umgekehrt, zu variieren. Vor jeder Fütterung müssen die Altvögel die sich aus der Schornsteinhöhe ergebende Distanz überwinden. Sie setzen sich zunächst auf den Schornsteinrand und lauschen in die Tiefe. Ich hörte sie sehr leise locken: „*ouu, ouu*", auch „*auu, auu*". Die Jungen sperrten sofort und gaben Antwort. Aber sie sanken sogleich wieder zusammen und blieben still. Nun steigt die Dohle ein, und es wird dunkel. Reagieren die Jungen auf den verminderten Lichteinfall? – Nein! Erst wenn es beim Abstieg poltert und prasselt (durch die Resonanzwirkung des langen Hohlraumes akustisch verstärkt), reagieren die Jungen aufs neue und sperren schreiend, bis der Altvogel über ihnen steht und sie füttert. Die Jungen orientieren sich also ausschließlich akustisch, nicht visuell, auch nicht im fortgeschrittenen Alter, wenn sie längst sehen können.

Dohlen bevorzugen Kamine mit rechteckigem oder quadratischem Querschnitt mit den ungefähren Maßen 26 × 26 cm und rauhen Ziegelwänden, in deren Fugen sie ihre Krallen setzen können und mit den Flügeln Kletterunterstützung leisten können.

Beim Einsteigen sah ich sie kopfüber einschlüpfen, wie Kleiber, *Sitta europaea*, am Baumstamm abwärts laufen. Ich lauerte den Dohlen unten am geöffneten Kaminschieber (Reinigungsverschluß) auf dem verdunkelten Dachboden auf. Die Dohlen kamen unten nie kopfüber kletternd an, sondern stets mit dem Kopf nach oben zeigend. Also wendet die Dohle kurz nach dem Einstieg, und ruckweise bewegt sie sich abwärts, von Sprung zu Sprung vierfach gesichert und gebremst, nämlich mit beiden Flügeln und beiden Füßen. Kirchner (1933) beobachtete es ebenso. Nach Kirchner zwingt die Baumarmut der Marschlandschaft in Schleswig-Holstein die Dohlen, Schornsteine bzw. Kamine als Niststätten anzunehmen. Wie v. Kalitsch (1943) stellte auch Kirchner (1933) fest, daß die Brutvögel während des Winters am Ort verblieben und in ihren Kaminen übernachteten. Im März 1942 fand v. Kalitsch (1943) in der meterhoch verschneiten Landschaft in der Ukrainischen SSR bei einer Kälte von −10 bis −20 °C in den Schornsteinen vieler Häuser Dohlen *(C. m. soemmeringii)*. Am 5. April begannen die Vögel mit dem Nestbau. Da einer der Kamine rauchte, warfen die Brutvögel Zweige in den Schornstein und ordneten sie später.

Der hohe Anteil von Kamindohlen im baumarmen Dithmarschen (Husum) wird bereits von Naumann (1905) vermerkt.

7.4. Das Verhalten zum Menschen

Dohlen sind Kulturfolger. Sie nisten als Gebäudebrüter sehr oft in menschlichen Siedlungen und nehmen keinen Anstoß an der Nähe von Menschen, was im allgemeinen auch für Baumbrüter in Parks gilt. Altdohlen wissen jedoch gut zu unterscheiden zwischen vertrauten Menschen, etwa dem Personal von Schweinemastanlagen, in deren Nähe die Dohlen der Nahrungssuche nachgehen, und Fremden. Taucht hier ein Unbekannter als heimlicher Beobachter auf, führt dessen Anwesenheit zu einer Veränderung des Verhaltens, zunächst zu größerer Fluchtdistanz, evtl. zum Abfliegen. In dieser Hinsicht ähneln sie sehr Raben- und Nebelkrähe.

K. Schmidt, der Waldkolonien der Dohlen in der Röhn kontrolliert, vermerkt (im Vortrag, Jena, 30. 1. 1986), daß Walddohlen scheuer sind als Gebäudebrüter. Diese Wahrnehmung ist auch von anderen Tierarten bekannt, z. B. vom jagdbaren Wild in der Nähe menschlicher Siedlungen.

Bei einer mit H. Hampe im April 1986 in Dessau am Rondell durchgeführten Exkursion zeigte sich sehr auffällig die Vertrautheit der hier in den alten Platanen nistenden Dohlen (etwa 16 BP). Diese im Stadtzentrum heimischen Brutvögel sitzen vor ihren Höhlen in Höhen ab 8 m und lassen sich nicht durch die zahlreichen Passanten stören. Auch bei der Niststoff- und Nahrungssuche auf den Grünflächen des Rondells duldeten die Dohlen die Annäherung von Passanten bis auf etwa 6 m, was für Begegnungen in der freien Flur undenkbar wäre.

Im allgemeinen sind Dohlen durch ihre Wachsamkeit in der Lage, eine vom Menschen auf sie zukommende Gefahr oder Störung rechtzeitig zu bemerken. Dr. Zaumseil (mündl.) stellte fest, daß an der Dohlenkolonie Jena-Göschwitz (Autobahnbrücke) Passanten in der Nähe der von Autolärm umgebenen Brutstätten kommen und gehen konnten, ohne daß die Dohlen reagierten. Schlichen sich die Beringer heran, flogen die Dohlen rechtzeitig aus den Löchern.

Ganz ähnlich schildert Zimmermann (1951) das Verhalten der Brutdohlen bei Beobachtungen an den Nestern auf dem Großmünster zu Zürich. In die Türen der Nistkästen waren Gucklöcher von nur 3 mm Durchmesser gebohrt. Die bloße Annäherung an ein solches Loch unter Vermeidung jeglichen Geräusches genügte, daß der Brutvogel fluchtartig sein Nest verließ.

Über ein ganz ungewöhnliches Verhalten berichtet v. Kalitsch (1943): Beim Beringen junger Kamindohlen in der Ukrainischen SSR wurde er von einer alten, besonders streitbaren Dohle mit wütendem Geschrei angegriffen. Die Dohle stieß im Vorbeifliegen immer wieder gegen seine Mütze, als er deren einziges Junges in der Hand hielt.

Ein ähnlicher Angriff, wenige Tage vor dem Ausfliegen der Jungdohlen, ereignete sich Anfang Juni 1986 in Freyburg. Die früh 7 Uhr zum Dienst gehenden Mitarbeiterinnen des Museums Schloß Neuenburg wurden von den im Bergfried nistenden Brutdohlen aus der Luft hautnah angegriffen (A. Berger briefl.).

7.5. Das Verhalten zu anderen Tierarten

Von Interesse ist das Verhalten der Dohle gegenüber potentiellen Nistplatzkonkurrenten. Im Kirchturm von Wiesenthal fand Görner (in Schmidt 1974) im Jahre 1971 drei bis fünf Dohlenpaare, die gemeinsam mit einem Brutpaar Schleiereulen den Kirchturm bewohnten. Im folgenden Jahr (1972) hatte sich die Anzahl der Dohlen auf etwa 10 BP vergrößert, aber die Schleiereulen brüteten trotzdem wieder erfolgreich auf dem gleichen Turmboden.

Im höhlenreichen alten Gemäuer des Schloßturmes von Heuckewalde nisten alljährlich etliche Brutpaare Haussperlinge *(Passer domesticus)* in unmittelbarer Nähe der Dohlenlöcher, ohne daß jemals das Hassen einer Dohle nach den Sperlingen beobachtet werden konnte.

Wo keine echte Nistplatzkonkurrenz besteht, kann die Dohle an ihren Brutstätten mit einer ganzen Reihe anderer Tierarten zusammenleben. J. Frank (briefl.) fand in der Nicolaikirche zu Geithain 1985 zwei benachbarte Bruten von Turmfalken und Dohlen, die nur 50 cm voneinander entfernt durch ein Brett aber so getrennt waren, daß sich die Vögel lediglich sehen konnten. Beide Arten brüteten erfolgreich. Die hier von Frank gefundenen vier Bruten der verwilderten Haustauben blieben unversehrt, denn die jungen Tauben flogen vollzählig aus.

Nach Arn (in Glutz v. Blotzheim 1964) brüten in der Schweiz in den Siedlungskolonien der Alpensegler auch Haustauben und Dohlen. Nach Herren (in Glutz v. Blotzheim) brüten an manchen Orten am gleichen Felsen mit dem Wanderfalken auch Dohlen, Turmfalken, Hausrötel und Kolkraben. Die Dohle ist hier Beute des Wanderfalken. Auch in der Schweiz lebt die Hohltaube häufig in den gleichen Biotopen mit Schwarzspecht, Dohle und Star. Star und Dohle können zu ernsthaften Konkurrenten werden und die Hohltaube verdrängen. Nach Melcher (in Glutz v. Blotzheim) wurde die Alpenkrähe ab 1950 von einer rasch wachsenden Dohlenkolonie verdrängt (Festung Riom bei Reams in 1230 m Höhe).

Daß die Dohle auch dem Schwarzspecht die Baumhöhle streitig macht, beschreiben

Striegler u. Jost (1982). In einem Schwarzspechtrevier im Branitzer Park bei Cottbus okkupieren die Dohlen regelmäßig bis zu einem Drittel aller Höhlenbäume im Park. Darunter befinden sich auch Schlafhöhlen des Schwarzspechtes An einem Baum mit mehreren Höhlen kam es vor, daß die eine Höhle vom Schwarzspecht nachts bewohnt wurde, eine andere von Dohlen. Die Dohlen stellen sich in diesem Park (mit 25 Höhlenbäumen der Dohlen) alljährlich Ende Februar bis März in großer Zahl ein. Striegler u. Jost beobachteten, daß ein Schwarzspecht-Brutpaar hier mehrfach von einer Dohle bedroht wurde. Sie griff die Spechte in der Umgebung des Brutbaumes an. In einem Fall wurde einer der Schwarzspechte von der Dohle angegriffen, als er zum Füttern an der Höhle landen wollte. Danach vertrieb die Dohle den Specht weit weg.

Die Nähe nistender Turmfalken wird von den Dohlen im allgemeinen geduldet. In der Autobahnbrücke Jena-Göschwitz wurde 1984 festgestellt (Dr. Zaumseil mündl.), daß ein Dohlenpaar auf dem Deckel eines großen Nistkastens baute und mit Erfolg brütete, während im Nistkasten unter ihnen die Turmfalken ihre Brut aufzogen. In der Nähe dieser Kolonie wollte ich während der Brutzeit testen, ob Dohlen zwischen Turmfalk und Sperber zu unterscheiden wissen und stellte ein Sperberpräparat (♂) auf einen etwa 1 m hohen Grashügel. Nach weniger als einer halben Minute hatten zwei Dohlen den Sperber erblickt, setzten sich auf eine Stromleitung und gaben Warnrufe ab, die jedoch nicht mit den „arrrr"-Rufen identisch sind. Es versammelten sich darauf etwa 30 Brutvögel, die wild und erregt über dem Sperberpräparat in Höhen von 1 bis 4 m kreisten. Einige Dohlen vollführten Sturzangriffe auf den verhaßten Gegner, aber keine landete. Sie fühlen sich nur in der Luft sicher. Als nach fast 5 Minuten der Sperber noch immer keine Reaktion zeigte, drehten die Dohlen ab und setzten sich hoch oben auf die Regenspeier neben die Turmfalken.

Das Feindbild des Sperbers ist den Dohlen sicher angeboren. Ich hielt das erwähnte Sperberpräparat einer meiner 50 Tage alten Dohlen hin. Sie hatte nie zuvor einen Greifvogel gesehen, aber flatterte sofort in panischer Angst wild umher, bis das Sperberpräparat außer Sicht war.

Saemann (1969) schildert die Reaktion von Dohlen, wenn ein Turmfalke (♂) eine ausgewachsene Türkentaube kröpft: Am 22. 7. 1968 kröpfte der Falke eine Türkentaube, worauf zunächst mehrere Türkentauben auf den Falken haßten. Dann stellten sich drei Dohlen ein und belauerten den Turmfalk, bis dieser mit der Beute in den Fängen zu seinem Brutplatz an der Petrikirche in Karl-Marx-Stadt flog.

Zimmermann (1951) führt an, daß sich die Dohlen in der Schweiz als Plünderer von Nestern der verwilderten Haustauben betätigen. Für die Kolonie Heuckewalde (etwa 10–12 BP Dohlen, 5 BP Haustauben) kann ich das Plündern nicht bestätigen, auch in 10 Jahren wurde hier kein Taubennest von Dohlen angetastet.

Daß der Bestandsrückgang der Dohle an gewissen Orten auf das Überhandnehmen der verwilderten Haustauben zurückzuführen ist, hält Zimmermann (1951) für einen Fehlschluß, was sich mit meinen eigenen Einschätzungen deckt. Die vermutlich größte Dohlenkolonie der DDR am Havelberger Dom ist nach Plath (1985) mit dem für das Jahr 1978 ermittelten Bestand von 76 BP Dohlen frei von Haustauben. Diesen stabilen Bestand auf das völlige Fehlen der Haustauben zurückzuführen, ist sicher eine falsche Schlußfolgerung.

Die Stadtkirche in Apolda (Thür.) wird von etwa 300 verwilderten Haustauben sowie im oberen Teil des Turmes von etwa 6 BP Dohlen bewohnt. Es gibt hier keine Anzeichen, daß die vielen Haustauben auch nur einem Dohlenpaar den Brutplatz streitig machen.

K n e i s u. G ö r n e r (1981) nennen als Prädatoren der Türkentaube u. a. die Dohle, regelmäßig innerhalb von Ortschaften und nur gelegentlich außerhalb von Ortschaften auftretend. Als meine aufgezogenen jungen Dohlen erstmals einem Langhaarteckel gegenüberstanden, zeigten sie Vorsicht und Mißtrauen, nicht jedoch gegen Kaninchen und Meerschweinchen, zu denen sie in die Stallbox stiegen und nur dann von den Meerschweinchen hinausgetrieben wurden, wenn diese Junge hatten.

L o r e n z (1931), der die Angriffsfähigkeit und Angriffsbereitschaft der Corviden auf Raubtiere analysierte, schätzte für Kolkraben und Elstern, mit Wahrscheinlichkeit auch für Krähen ein, daß diese zu Angriffen gegen behaarte oder gefiederte Raubtiere fähig sind, nur bedingt aber Dohlen. Sie sind hierfür weniger geeignet. T h i e n e m a n n (1931) liefert hierfür indirekt eine Bestätigung. Aus Experimenten mit dem Hüttenuhu an der ehemaligen Vogelwarte Rossitten (Rybatschi) ergab sich, daß Nebelkrähe, Raben- und Saatkrähe regelmäßig auf den Hüttenuhu stießen, nicht aber die Dohle, die in diesem Zusammenhang keine Erwähnung findet. Bei L o r e n z (1931) griffen die Brutdohlen jedoch einen jungen Kolkraben an und schlugen ihn schließlich in die Flucht. Sie zeigten auch später keine Angst vor diesen großen Corviden.

Daß Dohlen ihrem Nahrungserwerb zuweilen auf dem Rücken verschiedener Haustiere nachgehen, schildert bereits B e c h s t e i n (1793): „... auch den Schafen und Schweinen erzeigen sie dadurch einen Dienst, daß sie ihnen die beschwerlichen Insekten ablesen". Auch N a u m a n n (1905) nennt Schweine und Schafe, auf deren Rücken die Dohlen Läuse absuchen. Bei E c k (1984) finden sich weitere Hinweise auf solche ungewöhnlichen Verhaltensweisen der Dohle: M a u e r s b e r g e r (1982) berichtet von Ostasiatischen Elsterdohlen, *Corvus dauuricus*, die auf Rindern standen. P i e c h o c k i (1982) teilt U h l e n h a u t s Beobachtung einer *C. monedula* auf einem Ziegenrücken mit. Der englische Naturbeobachter T u n n i c l i f f e malte 1959 eine englische Landidylle mit Dohlen, die auf Schafen stehen (aus E c k 1984).

B u b (1957) sah 1944 in Jassi/Rumänien oft Dohlen auf den Rücken von Pferden und Rindern sitzen, die ihnen Haare für ihr Nistmaterial ausrissen.

C r e u t z (1965) sah im Donaudelta am Kap Dolojma einen Brutplatz von 300 BP Dohlen, die sich bei der Nahrungssuche auf den Rücken weidender Schafe niederließen und dabei auch von Tier zu Tier sprangen.

Daß auch in der DDR derartig ungewöhnliche Beobachtungen möglich sind, ist in einer briefl. Mitt. von T h i e m e enthalten, der eine Beobachtung von D i e t z e vom 27. 11. 1982 wiedergibt: „Auf den Rostiger Wiesen bei Großenhain (Bez. Dresden) mehrere Dohlen, die regelmäßig auf Rücken und Kopf von Rindern saßen. Einmal waren es fünf Dohlen, die an den Hörnern eines Tieres pickten".

Schließlich ist das Verhalten zu Insekten nicht uninteressant. Eine meiner aufgezogenen Dohlen hatte Mitte Juli erstmals Kontakt mit Wespen, *Paravespula germanica*. Die Dohle spielte mit den Wespen sehr lange und verzehrte dann welche. Wahrscheinlich gelang einer (oder mehreren?) das Stechen. Die Dohle flog erschreckt steil in die Höhe, „tanzte" im engen Kreis in der Luft und beruhigte sich erst nach längerer Zeit.

Unter den Schmetterlingen wurden hauptsächlich die optisch auffälligen Kohlweißlinge (*Pieris brassicae* L.) im Hinterherspringen gejagt, jedoch durch deren gaukelnden Flug nur selten mit Erfolg.

Lebend gefangene Haussperlinge, in die Voliere gegeben, werden von Dohlen sofort angegriffen und mit dem Schnabel am Flügel gepackt und umhergeschleudert, bis sie tot sind. Das Rupfen und Kröpfen konnte jedoch nicht beobachtet werden.

Anders ist das Verhalten zu lebenden Mäusen. Da mir nur Albinos zur Verfügung stehen, konnte die Reaktion auf wildfarbige Mäuse bisher nicht ermittelt werden. Diese scheinen wegen ihrer Schnelligkeit und Gewandtheit für ethologische Versuche auch weniger geeignet zu sein. Weiße Mäuse werden von der Dohle zwar mit Neugier beäugt, aber der Angriff beschränkt sich darauf, diese am Schwanz zu ziehen und sie wieder aus dem Versteck hervorzuholen. Der Dohle ist der Widerwille im Umgang mit (weißen) Mäusen deutlich anzumerken.

7.6. Sehleistung und Orientierungsvermögen

Lorenz (1931) hebt die visuelle Leistung der Augen von Kolkrabe und Elster hervor, die denen der Dohle zumindest bei der Nahrungssuche bzw. Beutesuche hoch überlegen sein sollen. Eine stillsitzende Heuschrecke wurde von seinen Kolkraben viel eher eräugt als von den Dohlen. Davonspringende Insekten wurden wieder von den Elstern eher erhascht als von den Dohlen. Abgesehen von individuellen Unterschieden können solche auch phylogenetisch begründet sein. Wer die Nahrungssuche der Art kennt, weiß um die Sozialstruktur der schwarmweise über Felder und Weiden laufenden Dohlen. Als ob sie sich gegenseitig belauern, so aufmerksam reagieren die Individuen untereinander bei der Auffindung von Nahrung. Jeder Vogel orientiert sich am Verhalten des anderen. Läßt eine Dohle eine Schnecke oder einen Wurm achtlos wieder fallen, so ist sofort die nächste Dohle zur Stelle, und dies nicht rein zufällig, sondern sie kommt auch aus mehreren Metern Entfernung herbeigesprungen und bekundet ihr Interesse an dieser Nahrung. Die Dohle reagiert als Schwarmvogel doch anders als die weniger sozialen Einzelgänger Kolkrabe und Elster. Es erscheint mir etwas gewagt, in diesem Unterschied eine verminderte Sinnesleistung der Augen im Vergleich zu diesen anderen Corviden festzustellen.

In zahlreichen Untersuchungen stellte Lorenz (1931) das Orientierungsvermögen der Dohlen in „Wegdressuren" fest. Die Unfähigkeit junger Dohlen im Alter von 2 bis 3 Monaten, den Umweg durch eine Gittertür zum Erreichen des Bodenraumes zu erfassen, ließ sich eindeutig nachweisen. Die jungen Dohlen strebten stets auf dem kürzesten Weg vom Dach zum Bodenfenster, von wo aus sie nicht weiterkamen und nicht den Umweg durch die Gittertür fanden. In dieser Sinnesleistung war eine gleichaltrige Elster der Dohle überlegen. Im folgenden Jahr war es jedoch umgekehrt, jetzt war die Dohle der Elster an Gedächtnis, bei Gitterversuchen und an Aktionsradius überlegen.

Wie verhalten sich nun alte Brutvögel, wenn sie sich in einem sehr weiträumigen Gebäude, das ihre Brutstätten beherbergt, verfliegen? Die Antwort erhielt ich durch Zufall bei Filmaufnahmen in Heuckewalde. Weil die alten Brutvögel am Nest kein Scheinwerferlicht vertrugen, versperrte ich ihnen versuchsweise den Ausgang ins Freie. Die alten Dohlen wichen jedoch aus und entkamen nach innen in die weiten Bodenräume des alten Schlosses. Ich eilte hinterher und öffnete zwei Dachluken, damit die Vögel wieder ins Freie gelangen können. Aber die Dohlen flogen rundum durch den

U-förmigen Schloßbau und verirrten sich nicht. Irgendwo im Halbdunkel mußten sie eine ins Freie führende Mauerlücke gefunden haben, und wenige Minuten später fand ich die Dohlen wieder fütternd bei ihren 12 Tage alten Jungen am Nest.

Mit einer Kohlmeise könnte der Versuch so enden, daß die Kohlmeise nur dem Licht entgegenfliegt und solange mit einer Fensterscheibe kollidiert, bis sie betäubt am Boden liegt.

Allerdings spielt in der individuellen Variabilität auch die graduelle Intelligenz bei Dohlen eine Rolle, wie sie bei Lorenz' Dohle Tschock erkennbar ist. Durch die Wegdressuren, also das Einprägen bestimmter Wegstrecken, fand Lorenz, daß Dohlen an das Gewohnte gebunden bleiben und Umwege in Kauf nehmen. Seiner Dohle Tschock, die von einem Zimmerfenster aus ins Freie fliegen konnte, gelang anfangs keine Einsicht in die räumliche Struktur des Hauses, sie kehrte stets auf dem gleichen Weg in das Zimmer zurück, auch wenn sie bereits drei Seiten des Hauses umflogen hatte und der Rückflug in umgekehrter Richtung entlang der vierten Seite dreimal kürzer gewesen wäre.

7.7. Schneebaden

Das Schneebaden der Vögel ist bisher nur von relativ wenigen Arten bekannt geworden. Durch Smith (1951, Brit. Birds 45, S. 405–421) wurde das Baden der Elster im Pulverschnee bekannt. Für den Tannenhäher wurde es von Pfeifer (1956) nachgewiesen, allerdings an Käfigvögeln. Vom Verhalten des Tannenhähers angeregt, reagierten die hier (Vogelschutzwarte Frankfurt/M.) im Freiflug gehaltenen Dohlen, eine Elster und eine Rabenkrähe, ebenfalls mit Schneebaden. Diese Corviden badeten dann mit der gleichen Intensität wie jener, die Rabenkrähe jedoch erst als letzte. Beim Schneebaden der beiden Tannenhäher beobachtete Pfeifer die gleichen Bewegungen wie beim Wasserbaden.

Das Schneebaden an einer jung aufgezogenen und freifliegenden Rabenkrähe konnte Auer (1957) regelmäßig (!) beobachten. Bei Dohlen wurde es in freier Natur vermutlich noch nicht nachgewiesen; Naumann (1905) und Lorenz (1931, 1932, 1971) erwähnen diese Verhaltensäußerung nicht. Reindl (1955) beschrieb das Schneebaden auch für den Kolkraben, so daß anzunehmen ist, daß es bei allen Corviden zu den angeborenen Triebhandlungen gehört, wenn es auch nur selten beobachtet werden und möglicherweise individuell ausfallen kann.

Meine aufgezogenen Dohlen wußten in ihrem ersten Winter nichts mit Schnee anzufangen und vermieden, mit gewissen Anzeichen von Scheu, jede Berührung mit Schnee.

7.8. Einemsen

Unter Einemsen ist nach Stresemann (1948) das Einreiben des Gefieders mit Ameisen unter Zuhilfenahme des Schnabels, aber auch das Baden im Ameisenhaufen, zu verstehen. Es wird für die Dohle weder von Naumann (1905) noch von Lorenz (1931) beschrieben, ist aber von verschiedenen Kleinvögeln und auch von anderen Corviden bekannt. Goodwin (1947) beschreibt diese Verhaltensweise vom Eichelhäher, wobei die Reaktionsauslösung durch die Berührung mit Ameisen, nicht aber durch deren Anblick, eintrat. Auch L ö h r l (1952) berichtet über das Einemsen junger Eichelhäher, während S c h i e r e r (1952) das Einemsen bei einer junger. Elster und W a c k e r n a g e l (1951) dieses bei einer isoliert aufgezogenen Rabenkrähe beschreibt. Nach W a c k e r n a g e l soll als älteste Ansicht gelten, daß die Ameisen dem Vogel seine ektoparasitischen Milben (auch Mallophagen u. a.) vertreiben sollen. E i c h l e r (1936) konnte experimentell durch Besprühen mit 50%iger reiner Ameisensäure Federlinge in sehr kurzer Zeit abtöten. B ö s e n b e r g (1962) bezweifelt den Effekt der Ektoparasiten-bekämpfung und führt Beobachtungen an, wonach Vögel das Einemsen betrieben, ohne von Parasiten befallen gewesen zu sein.

Das Einemsen gehört zweifellos zu den Komforthandlungen und scheint nur bei Passeriformes aufzutreten, jedoch kommt es nicht bei allen Arten vor. S a u e r (1957) experimentierte mit 4 jungen Gartengrasmücken, Q u e r e n g ä s s e r (1973) mit Wacholderdrosseln, Sonnenvögeln (je zwei Ex. *Leiothrix lutea* und *Siva cyanouroptera*) u. a. und hauptsächlich mit jungen Staren, die für das Einemsen als bekannteste Studienobjekte gelten können. A d l e r s p a r r e (1936) erblickt wie B ö s e n b e r g (1962) im Einemsen nicht unbedingt eine antiparasitische Tendenz, sondern bringt es mit der Mauser im Zusammenhang, da er nie Ektoparasiten entdecken konnte.

Leider sind in der Fachliteratur Berichte über das Einemsen bei Dohlen nicht zu finden, so daß ich nach Beobachtungen an meinen aufgezogenen Dohlen auf Vermutungen angewiesen bin. Möglicherweise hängt das Einemsen auch mit einer vom Vogel gesuchten Geschmacksreizung zusammen, wie sie sich zunächst aus der Ameisensäure, aber auch aus der (experimentell herbeigeführten) Berührung mit anderen Säuren (B ö s e n b e r g 1962) ergeben können, wozu vielleicht auch Bitterstoffe und aromatische Substanzen gehören. Hieran wurde ich durch das fortgesetzte Verhalten einer aufgezogenen Dohle in ihrem ersten Herbst und Winter erinnert. Die Dohle machte „Jagd" auf jede Zigarette, die sie geschickt aus der Schachtel zu ziehen wußte und dann mit großer Intensität mit dem Schnabel zerpflückte (Ersatzobjekt nach Q u e r e n g ä s s e r 1973).

7.9. Reaktion auf Farben

H e i n r o t h (1966) vermerkt, daß seine jungen Dohlen nach dem Ausfliegen blauscheu waren. Eine Scheu vor bestimmten Farben konnte ich jedoch weder am Nest wilder Dohlen noch bei der Aufzucht junger Dohlen feststellen. An Brutnestern deckte ich bei allen Vorbereitungen zu Beobachtungen stets die nackten und wärmebedürftigen Jungen mit weißen oder auch bunten Tüchern zu. Bei der plötzlichen Rückkehr der Brutvögel waren diese oftmals mit solchen Tüchern konfrontiert, ohne daß eine Scheu gegen bestimmte Farben festzustellen war.

Meine aufgezogenen Dohlen reagierten beim Futterangebot stets lebhaft und positiv auf die Farbe Rot: frisches rotes Fleisch, reife rote Kirschen und rote Johannisbeeren. Aber auch weiße Blüten, Papierfetzen und farbige Dinge aller Art erregten stets ihr Interesse, auch wenn sie nicht eßbar, aber für ihren Spieltrieb geeignet waren.

7.10. Stimme, Lautäußerungen

Das Repertoire der Lautäußerungen der Dohle ist außerordentlich umfangreich. N a u m a n n (1905) gibt jedoch nur ein hohes „Kräh", ein noch höheres „Jäck", „Jäcke". „Kja" und „*Krichäh*" an. Bei Makatsch (1956, 1977) ist nur ein helles „*Kjack*" angeführt. Zimmermann (1951) nennt krächzende Stimmlaute des ♀, die er beim Erscheinen des ♂ am Nesteingang hörte und betont, daß diese nasalen Rufe schwer wiederzugeben sind: „*giäää-giäää-giäää*" oder „*gieee-gieee-gieee*". Recht detaillierte Angaben verdanken wir Lorenz (1931, 1971), der auch den Begriff „Nestgesang" prägte. Zimmermann (1931) nennt den Nestgesang des brütenden Weibchens ein leises Selbstgespräch, das ohne Unterbrechung mehrere oder viele Minuten dauern kann. Er hörte ähnliche Selbstgespräche auch vom brütenden Eichelhäher und nimmt an, daß möglicherweise der Nestgesang den meisten Corviden eigen ist. Selbstgespräche hörte ich auch von der Elster in Gefangenschaft, jedoch nicht beim Brutgeschäft. Zimmermann (1931) zitiert Kuhk (1931), der über einen Beitrag von Bau (1902/1903) referiert: Kuhk deutet diese Selbstgespräche als vermutliche Begrüßungslaute und als Eigentümlichkeit der vorarlbergischen Rabenkrähen. Zimmermann (1931) stellt diese Eigentümlichkeit in Zweifel, denn auch er vernahm diese eigenartigen Laute als „singendes Gekrakel" von der brütenden Rabenkrähe. Diese Stimmlaute, von Lorenz (1931) als Nestgesang von Dohlen beschrieben, sind nur von solchen Brutvögeln (einschließlich Gefangenschaftsvögel) zu vernehmen, die völlig ungestört sind und sich unbeobachtet fühlen.

Pflugbeil (1938) hörte am Winterschlafplatz der Dohlen deren Unterhaltung im Chor, die sich wie „*jäckel, jäckel, jäckel*" anhörte.

Der häufigste Dohlenruf, das „*Kjack*", auch „*Kijak*" findet sich interessanterweise bei einem Nistplatzkonkurrenten, dem Schwarzspecht *(Dryocopus martius)*. Diesen Ruf bezeichnet Blume (1981) als Dohlenruf des Schwarzspechtes.

Das umfangreichste Stimmen-Repertoire ist zur Brutzeit an den Niststätten wildlebender Dohlen festzustellen. Die Verwendung eines Tonbandgerätes ist verlockend, stößt jedoch im Normalfall auf technische Schwierigkeiten. Dohlen haben ein ungewöhnlich feines Gehör. Das Einschalten eines Tonbandgerätes kann zur sofortigen Flucht der Vögel führen, vielleicht schon das Laufgeräusch. Ein weit aus dem Nestbereich zurückgezogenes Aufnahmegerät mit entsprechend langem Mikrofonkabel erfordert eine Hilfskraft, sodann eine geräuschlose Verständigung über mehr als 10 m Entfernung zwischen dem Horchposten am Nest und der zweiten Person am Gerät. Der Verzicht auf eine zweite Person würde auch den Verzicht auf jegliche Nachregelung des Gerätes bedeuten, was für sehr leise Stimmlaute jedoch erforderlich ist. Auch der fortwährend „blinde" Lauf der Gerätes ist kaum effektiv, da manche signifikante Lautäußerung eine Stunde auf sich warten lassen kann.

Aus eigenen Notizen (Kolonie Heuckewalde) ergab sich (auszugsweise) folgendes Bild:

Situation	Stimme	Datum
♀ überrascht mich am Gelege, Schreckruf: Andere Dohlen übernehmen den Ruf.	„*arrrrrrrrrr!*"	12. 4.
Beide Brutvögel am Nest. Leise:	„*ouh – gug*"	12. 4.
Außen am Gebäude, Altvögel, laut:	„*kiääh!*"	13. 4.
Ruhestimmung am Nest: ♀	„*guh – guh*"	13. 4.

Abb. 8. Dohle als Baumhöhlenbrüter in einer Platane (vgl. auch Abb. 18). Aufn. R. Dwenger

Abb. 9. Schloß Heucke-walde, in dessen Turm und Seitengebäuden 10 bis 15 Dohlenpaare nisten. Nur etwa 10 Nester sind zugäng-lich. Aufn. R. Dwenger

Abb. 10. Schwarmweise flie-gende Dohlen verraten oft schon aus größerer Entfer-nung ihre Brutstätten. Aufn. R. Dwenger

Abb. 11. Zwei konkurrie-
rende Dohlenpaare am
Schloßturm Heuckewalde.
Die oberen Dohlen sind die
Besitzer der Brutnische, die
unteren die Konkurrenten.
Durch fortgesetztes Herabstarren kommt es zu Über-
sprunghandlungen der Kon-
kurrenten. Aufn.
R. Dwenger

Abb. 12. Brutpaare im
April. Schloßturm Heucke-
walde. Aufn. R. Dwenger

Abb. 13. Burgruine Rudelsburg bei Bad Kösen, Ideal-
typ eines Bruthabitats für
eine große Dohlenkolonie.
Aufn. R. Dwenger

Abb. 14. Teilansicht der
Burgruine Rudelsburg mit
an- und abfliegenden
Dohlen. 1986 wurden hier
etwa 40 Brutpaare festge-
stellt. Aufn. R. Dwenger

Abb. 15. Autobahnbrücke
Jena-Göschwitz, Südseite.
In den 16 Brückenpfeilern
und in den Regenspeiern
nisten Dohlen und Turm-
falken. Aufn. R. Dwenger

Abb. 16. Mauerschlitz in
der Autobahnbrücke Jena-
Göschwitz. An mehr als 45
solcher Schlitze wurden von
innen Nistkästen gehängt.
Aufn. R. Dwenger

Abb. 17. Autobahnbrücke
Jena-Göschwitz. Berin-
gungsarbeit an Dohlen in
den Regenspeiern. Aufn.
R. Dwenger

Abb. 18. Teilansicht einer
Baumbrüterkolonie in
Dessau. Aufn. R. Dwenger

Abb. 19. Kamindohlen.
Schloß Heuckewalde, April
1986. Aufn. R. Dwenger

Abb. 20. Kamindohle vor
dem Sprung in die Tiefe.
Aufn. R. Dwenger

Abb. 21. Junge Kamindohlen im Alter von
5 Tagen, 18 Tagen bzw. fast flügge. Heuk-
kewalde Mai/Juni 1986.
Aufn. R. Dwenger

Abb. 22. Dohlenweibchen am Gelege. Heuckewalde April 1975. Aufn. R. Dwenger

Abb. 23. Das brütende Weibchen wird vom Männchen gefüttert. Heuckewalde, April 1975. Aufn. R. Dwenger

Abb. 24. Das soeben gefütterte Weibchen bettelt sein Männchen um weiteres Futter an. Heuckewalde, Mai 1975. Aufn. R. Dwenger

Abb. 25. Die 16 Tage alten Jungen werden von beiden Eltern gefüttert. Aufn. R. Dwenger

Abb. 26. Besonders in der letzten Phase der Nestlingszeit wird Futter auch im Schnabel herbeigetragen. Heuckewalde, Juni 1975. Aufn. R. Dwenger

4*

43

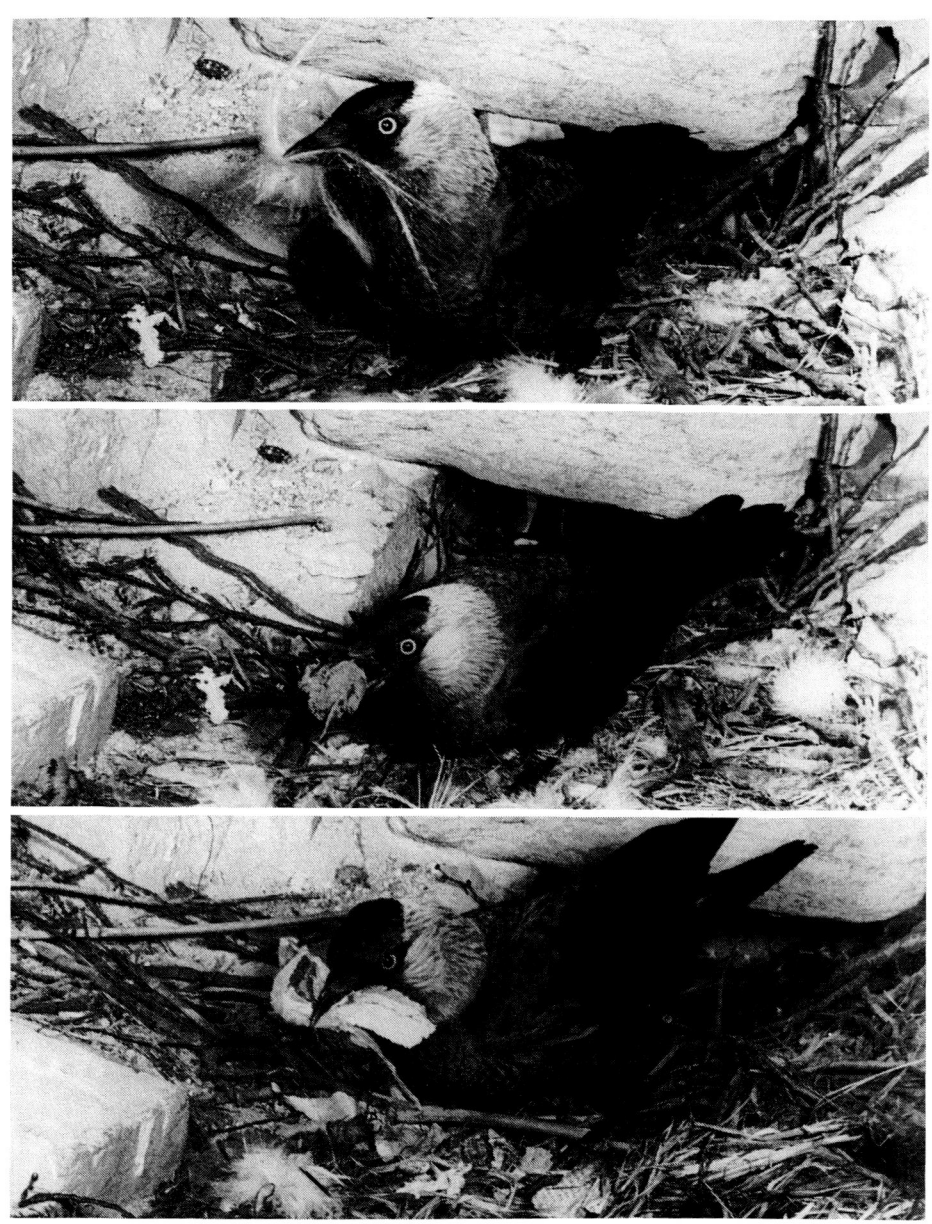

Abb. 27. Dohlenweibchen beim Eintragen von Glaswolle, Lehmklümpchen bzw. dünnen Karton-stückchen ins Nest. Heuckewalde, April 1986. Aufn. R. Dwenger

Abb. 28. Beide Altvögel zur Fütterung bei den Jungen. Während der eine füttert, wartet der andere mit Futter im Schnabel (!). Heuckewalde, April 1986. Aufn. R. Dwenger

Abb. 29. Dohlenweibchen beim Auskleiden der Nestmulde. Heuckewalde, April 1986. Aufn. R. Dwenger

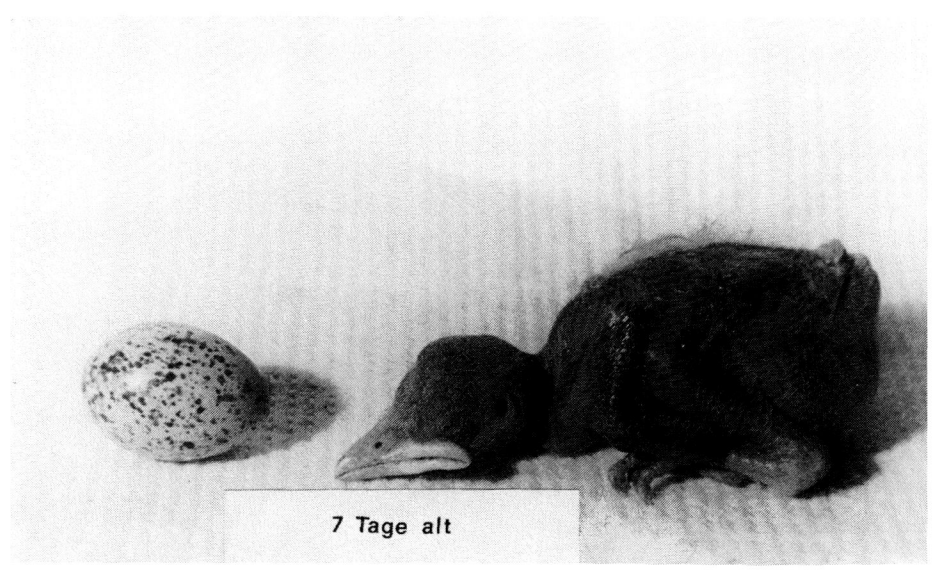

7 Tage alt

Abb. 30. Dohlenentwicklung: 7 Tage alt.
Aufn. R. Dwenger

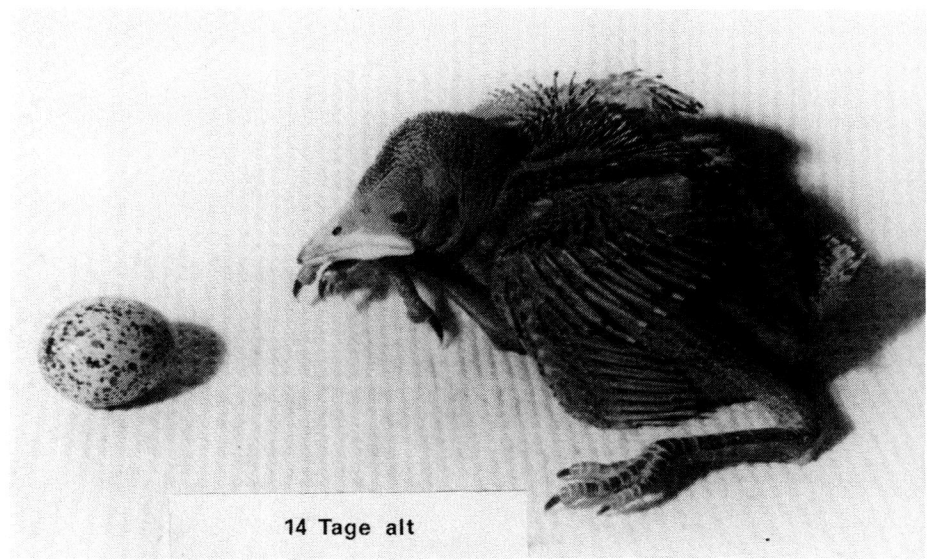

14 Tage alt

Abb. 31. 14 Tage alt. Die Augen sind noch nicht völlig geöffnet.
Aufn. R. Dwenger

20 Tage alt

Abb. 32. 20 Tage alt. Das Wachstum der „Federpinsel" ist in vollem Gange.
Aufn. R. Dwenger

26 Tage alt

Abb. 33. 26 Tage alt. Der Jungvogel sitzt auf den Fersengelenken, kann in diesem Alter aber aufrecht stehen und laufen. Aufn. R. Dwenger

36 Tage alt

Abb. 34. 36 Tage alt, fast flügge. Aufn. R. Dwenger

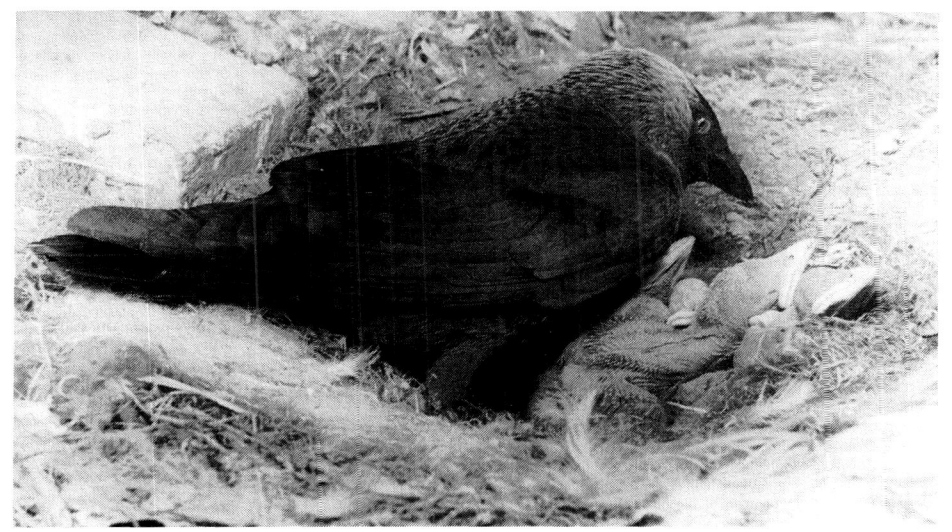

Abb. 35. Dohlenweibchen setzt sich zum Hudern auf die etwa 8 Tage alten Jungen. Diese Brut konnte nur durch die oftmalige Entnahme von eingetragener Glaswolle gerettet werden. Heucke-walde, Mai 1986. Aufn. R. D w e n g e r

Abb. 36. Bruterfolg in einer erstmals bezogenen Kiste (Deckel abgenommen) – 3 flügge Junge. Die Innenauskleidung (Wellpappe) wurde zur Nestbauzeit von den Altvögeln teilweise abgeris-sen. Heuckewalde, Juni 1986. Aufn. R. D w e n g e r

Abb. 37. 5 junge Dohlen, vorbereitet zur Beringung mit Aluminium- und Farbringen. Heuckewalde, aus Nest 8 (beste Brut 1986). Aufn. R. Dwenger

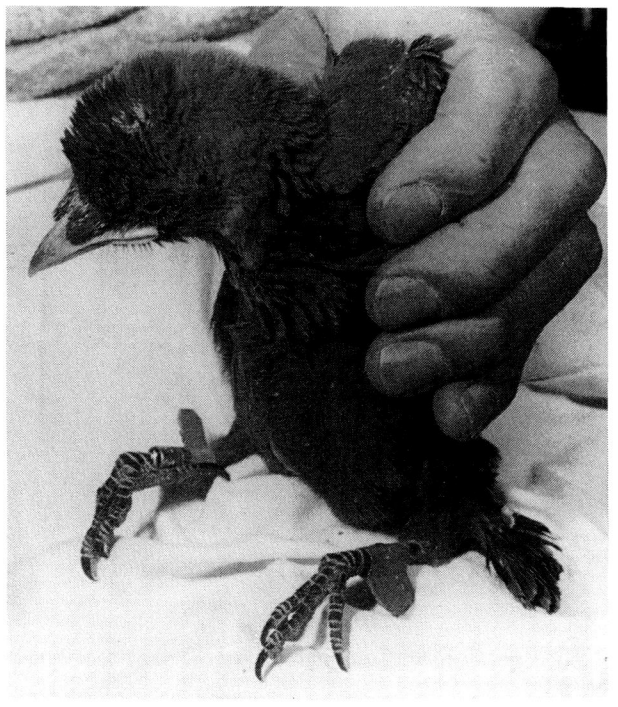

Abb. 38. Junge Dohle, dreifach beringt: Aluminiumring der Vogelwarte Hiddensee, Farbring für Kolonie Heuckewalde, zweiter Farbring für Jahrgang 1986. Aufn. R. Dwenger

Abb. 39. Schlafstellung
einer aufgezogenen Dohle.
Aufn. R. Dwenger

Abb. 40. Einjährige, aufgezogene Dohle in Putzstel-
lung. Aufn. R. Dwenger

51

Abb. 43. Junge Dohle, eine Kirsche mit dem Schnabel bearbeitend. Solche und andere Früchte werden nicht mit den Zehen festgekrallt, sondern meist so zwischen den Zehen gehalten, daß sie nicht wegrollen können. Aufn. R. D w e n g e r

Abb. 44. Dohlenansammlung auf einer Viehkoppel (VR Polen). Aufn. G. R i n n h o f e r

Abb. 45. 6 adulte Dohlen. Von links nach rechts: 1 und 2 aus Saumur/Frankreich, deutlich dunkler als die übrigen 4 Vögel aus Debalzewo/Ukraine. Staatliches Museum für Tierkunde Dresden. Aufn. R. Dwenger

Abb. 46. 4 Dohlen aus der Lausitz. Von links nach rechts: 1 und 2 sind Jungvögel vom Oktober, Mai. 3 und 4 sind Altvögel vom Oktober, Mai. Die Gefiederaufhellung von Oktober bis Mai, von Kleinschmidt (1935) Ausbleichen genannt, tritt bei Jungvögeln wie bei Altvögeln auf (aus Coll. U. Bährmann). Staatliches Museum für Tierkunde Dresden. Aufn. R. Dwenger

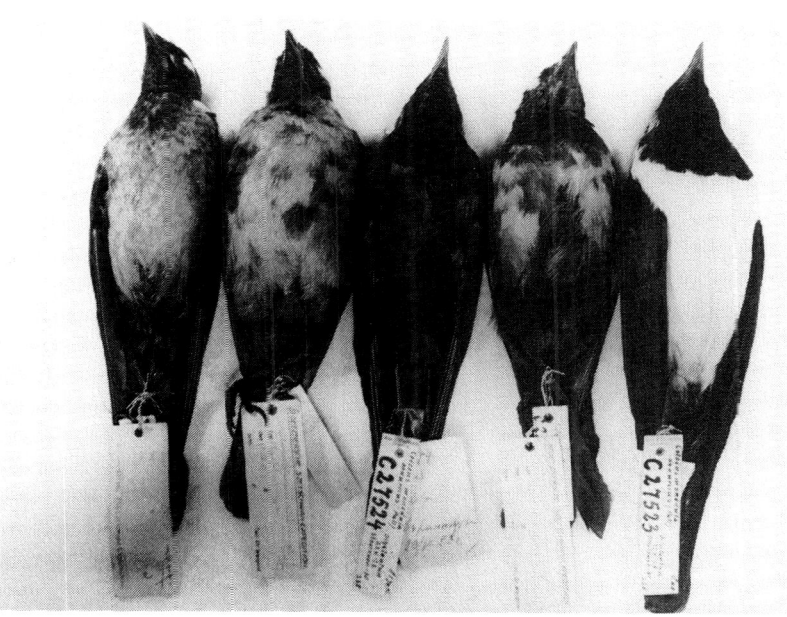

Abb. 47. Kleiderwechsel der Ostasiatischen Elsterdohle (alle Bälge aus China). Von links nach rechts: 1 Nestkleid (pullus), 2 Mauser: Nestkleid-Jugendkleid (pullus/juvenis), 3 Jugendkleid (juvenis), 4 Mauser: Jugendkleid – Alterskleid (juvenis/adultus), 5 Alterskleid (adultus). Staatliches Museum für Tierkunde Dresden. Aufn. R. Dwenger

Abb. 48. Dohlenalbino, ♂ full. Troina, Enna/ Sizilien 29. 7. 1929 (aus Coll. U. Bährmann). Staatliches Museum für Tierkunde Dresden. Aufn. R. Dwenger

55

Abb. 49. Ostasiatische
Elsterdohlen auf einem
Müllplatz. Tereldsh, Mongolische VR (Chentejgebirge),
13.7.1983. Aufn. T. Nadler

Abb. 50. *Corvus monedula
soemmeringii.* Tartu/Estni-
sche SSR. Aufn.
H. Juronen

♂ kommt, lockt brütendes ♀:	„kjää!"	13. 4.
Ohne Stimme kommt keine Dohle zum Nest. ♂ kommt zum Nest, tiefes	„gack", auch „kjack"	13. 4.
das ♀ antwortet mit hellem	„gühgüh – güh"	13. 4.
Früh 7.30 Uhr, Hochbetrieb an allen Nestern. Rufe des ♀ vom Nest aus:	„kjück-kjück"	14. 4.
Außen am Gemäuer hängen Dohlen, halten Wache:	„arrrrr!-arrrrr!" 5×	15. 4.
Ein Dachfenster wird geöffnet, alle Dohlen:	„arrrrrrr!-arrrrrrr!"	15. 4.

Das „arrrrrr" kann in leiser Variante als Schnarren vernommen werden und ist dann kein Schreckruf.

5.48 Uhr (Sommerzeit), nach beendeter Nachtruhe, erste Rufe am Nest:	„kjack"	20. 4.
dann Schnarren in Erregung, kein Mißtrauen:	„rrrrrrrrrrr"	20. 4.
Die außen am Gemäuer hängenden Dohlenpaare sichern ihre Nester gegen Rivalen. Die Brutpaare halten untereinander Kontakt mit schnalzendem	„gjück-gjick-gjück-gjick" (in schneller Folge)	20. 4.
In Ruhestimmung, Brutpaare leise:	„tschick-tschick-tschick"	20. 4.
♂ vor dem Nesteingang, schnalzend:	„kjäck!"	4. 5.
Kopulation auf dem Nest, ♂ oder ♀? sehr laut:	„rääääh-rääääh-rääääh!"	4. 5.
♀ zum Gelege kommend:	„tjock-tjock"	4. 5.
Beide Brutvögel, nach einer Störung wieder zum Nest kommend, außen, nur mäßig laut:	„kieag, kieag"	5. 5.
♂ kommt mit Futter zum Nest, ♀ hudert die Jungen. Das Futter gilt den Jungen. Laut:	„kjack!"	11. 5.
Das Futter gilt dem ♀, leiser:	„gock", auch ein gurgelndes „gruieet"	11. 5.
Futterübergabe von ♂ zu ♀:	schmatzende Geräusche	12. 5.
Das mißtrauisch vor dem Nesteingang hängende ♀, sehr leise, zart:	„huhuh, itt, huhuh-itt"	16. 5.
♂ am Nesteingang, sich anmeldend, Vorstufe der Aufforderung zum Sperren an die Jungen:	„kiuck", auch „kjuck"	17. 5.
♂ steht nun zur Fütterung neben den Jungen, diese zum Sperren auffordernd, laut:	„gack", auch „kjack!"	18. 5.

Während der ersten Lebenswoche können die Stimmlaute der nach Futter sperrenden Jungen nur als dünnes Piepsen bezeichnet werden. Vom 12. Tage an hörte ich von den schlafenden Jungen ein leises „üp", stets nur einmal und nur von einem Vogel stammend.

Mit 14 Tagen ist aus dem Piepsen längst ein gellendes Schreien geworden, das sich bis zum Alter von etwa 18 Tagen noch verstärkt. Dann ist der Höhepunkt hinsichtlich Lautstärke und auch Schreiintensität bald erreicht. Die jungen Dohlen orientieren sich nun nicht mehr ausschließlich akustisch, sondern auch visuell. Die Frequenzhöhe ihrer Rufe nimmt ab. Sie reagieren auf fremde Geräusche (Annäherung des Menschen an das Nest) nicht mehr mit spontanem Geschrei, sondern verhalten sich etwa vom 25. Tag an still, was sich bis zum Ausfliegen nicht mehr verändert, soweit es sich um Störungen handelt. Während der letzten Nestlingswoche halten sich die Jungdohlen oft am Nesteingang auf, und ihre Rufe klingen nicht mehr gellend und schreiend, sondern klingen mit ihrer tieferen Frequenz für unser Ohr durchaus angenehm, fast harmonisch und ohne Dissonanz.

7.11. Das triebhafte Umhertragen von Gegenständen

Naumann (1905) vermerkt, daß Dohlen gern glänzende Gegenstände wegtragen, was jeder, der schon einmal Dohlen gehalten hat, bestätigen wird. Es ist die Neugier und die auch anderen Corviden eigene bemerkenswerte Intelligenz (z. B. der Elster), aus der sich diese Verhaltensweise ableiten läßt. Schrauben und Nägel aller Art, Rasierklingen, Talmischmuck, Büroklammern, Flaschenverschlüsse, aber auch Dinge aus Glas, Gummi, Kunststoff, sodann Silberpapier und vieles andere wird aufgenommen und umhergetragen. Lorenz' (1932) Dohlen trugen am häufigsten abgebrochene Stücke von Dachziegeln, da diese am leichtesten erreichbar waren. Nach Lorenz gehört dieses Verhalten zu den arteigenen Triebhandlungen, wie auch das Verstecken von Nahrung als angeborene Triebhandlung anzusehen ist.

Das Umhertragen von Gegenständen sah ich am häufigsten stets im März an den Nistplätzen. Am 16. 3. 1985 sah ich an der Autobahnbrücke Jena-Göschwitz eine Dohle, die vor ihrem Partner mit einer Brotrinde im Schnabel stand. Es war weder Nistmaterial noch Verlobungsgeschenk, wie wir es aus der Übergabe kleiner Fische von Flußseeschwalben kennen. Die Dohle trug die Brotrinde zum Nistplatz, kam zurück, verschluckte die Brotrinde, brachte sie wieder hervor, flog damit ein Stück fort, kam zurück, legte die Brotrinde vor den Nesteingang, setzte einen Fuß darauf, nahm die Brotrinde wieder in den Schnabel und so fort. Am nächsten Tag war es ein heller Kieselstein, mit dem dieses Spiel getrieben wurde.

Der eigentliche Nestbautrieb ist Mitte März trotz günstiger Witterung noch nicht erwacht, aber die arteigene Triebhandlung fordert ihnen dieses Vorspiel ab (Lorenz 1932).

7.12. Thermoregulatorisches Verhalten

Die Dohle gehört zur großen Zahl der Vogelarten, die bei Hitzestreß hecheln können. Durch den geöffneten Schnabel wird eine zusätzliche Evaporation (Wärmeabgabe) wirksam. Das Hecheln kann mit weiteren Verhaltensmerkmalen gekoppelt sein, etwa dem Lüften der Flügel und Schiefhalten des Kopfes. Das Hecheln kann mit dem Sonnenbaden einhergehen.

Als eine meiner aufgezogenen Dohlen nach rasantem Freiflug in sommerlicher Hitze wiederholt im Sitzen „umkippte" mit asymmetrischer Flügelhaltung, schiefgehaltenem Kopf und einem geschlossenen Auge, also mit verdächtigen Symptomen einer physiologischen Störung verharrend, kam auch der Verdacht des Vitaminmangels (Vit. B und E) auf (Dr. Kaatz briefl.). Aber die Dohle blieb gesund, und es kann sich nur um die Kombination zwischen Sonnenbaden und Hecheln gehandelt haben, wenn auch in viel stärker ausgeprägter Form, als sie von Prinzinger (1976) dargestellt wird. Das thermoregulatorische Verhalten bewegt sich tatsächlich in einem recht breiten Spektrum, wozu die veränderliche Atemfrequenz und Körpertemperatur gehören.

Soweit Dohlen keinem thermalen Streß unterworfen sind, schwankt ihre Körpertemperatur zwischen 39 und 42 °C (Prinzinger). Diese Temperaturspanne liegt in dem von Dawson u. Hudson (1970) für die Passeriformes ermittelten Bereich. Die Dohle (auch Rabenkrähe und Elster) zeigt in ihrer Temperaturregulation einen ausgeprägten Tagesrhythmus. Nach Prinzinger (1976) sinken nachts die Körpertemperaturen auf 39–40 °C, in der Aktivitätsperiode steigen diese wieder auf 42–43 °C an. Durch Flug und Hitzestreß ist ein Anstieg auf 43–44 °C leicht möglich. Bei Kältebelastung im Winter können die Nachtwerte dagegen bis auf 36 °C absinken.

Prinzinger stellte das Wärmehecheln (experimentell im Labor) bereits bei eintägigen Jungvögeln der Dohlen fest. Das Hecheln beginnt, sobald eine Körpertemperatur von 43 °C erreicht ist. Der evaporitive Wasserverlust adulter Dohlen beträgt bei 25 °C Umgebungstemperatur in 24 Stunden etwa 12 ml; bei 35 °C Umgebungstemperatur steigt der Wasserverlust bereits auf das Doppelte (Prinzinger).

In der freien Natur wird die Dohle kaum jemals mit dem unter Laborbedingungen erzeugten thermalen Streß belastet, denn eine über 12 Stunden während Hitzeeinstrahlung ist für Gebäude- wie auch Baumhöhlenbrüter kaum denkbar, so daß die Hyperthermie zumindest für brütende Dohlen als Letalfaktor ausscheidet. Dennoch soll nicht übersehen werden, daß ungehinderte Sonneneinstrahlung für die nackten Jungen der Passeriformes schon nach kurzer Dauer tödliche Folgen haben kann. Prinzinger (1976) gibt einen solchen Mißerfolg zu („Ein fatales Ende ...“) bei der Untersuchung thermoregulatorischer Abwehrreaktionen an drei jungen Elstern. Diese Jungvögel wurden für die Dauer von etwa 30 min starker, direkter Sonneneinstrahlung ausgesetzt. Deren zarte Haut war anschließend stark gerötet und zeigte später alle Symptome von Verbrennungen. Zwei Tage später starben alle drei Elstern als Folge dieses Versuches.

7.13. Zur Rangordnung

Lorenz (1931, 1971) stellte bei farbig markierten Dohlen große Rangunterschiede fest. Auch zwischen zwei in der Rangordnung sich nahestehenden Dohlen besteht stets ein etwas gespanntes Verhältnis, während der Rangniedere dem sehr viel höher stehenden Artgenossen reibungslos ausweicht. Daß auch plötzliche Umstellungen in der Rangordnung vorkommen, beschreibt Lorenz (1931) am Beispiel eines längere Zeit abwesend gewesenen Dohlenmännchens, das nun (in die Kolonie der freifliegenden Dohlen von Lorenz) zurückkehrte und nach erbittertem Kampf einen vormals Ranghöheren besiegte. Darauf verlobte sich das zurückgekehrte Männchen mit einem sehr kleinen und etwas kümmerlichen Weibchen. Bereits am nächsten Tag gab Gelbgrün dieser rangniederen Dohle den Weg zum Futternapf frei, obwohl jene noch zwei Tage zuvor in der Rangordnung der Schar an vorletzter Stelle stand. Die Rangstellung kann also sehr schnell von einem Gatten auf den anderen übertragen werden. Ranghohe Dohlenmännchen sind sich ihrer Rolle offenbar bewußt, indem sie ein prahlerisches Gehabe, die Imponierhaltung, zeigen und, wie es Lorenz beobachtete, ständig mit gesträubtem Kopfgefieder um die Braut herumlaufen und gegen alle zu nahe kommenden Dohlen sehr reizbar sind. In dieser Streitbarkeit vermutet Lorenz den Grund dafür, daß sich in der ersten Zeit des Eingesperrtseins eine Umgruppierung der Rangordnung unter seinen Dohlen bildete, denn Tschock, die ranghöchste Dohle, wurde von Gelbgrün aus der Herrscherstellung verdrängt. Im allgemeinen kommt es nach Ansicht von Lorenz jedoch nicht vor, daß der rangniedere Vogel gegen den ranghöheren, der ihn einmal unterjocht hat, erneut „aufmuckt".

Möglicherweise ist es so, daß eine auf engem Raum lebende Kolonie zahmer Dohlen eine andere Rangordnung entwickelt, auch hinsichtlich ihrer temporären Stabilität, als eine Kolonie wildlebender Dohlen, die von menschlichen Eingriffen und vergleichbaren Stressoren weitgehend freigeblieben ist. Nach Goodwin (1951) soll sich in Gefangenschaft sogar eine Umkehrung des rangordnungsgemäßen Verhaltens einstellen, was Goodwin „Hühnerhofkrankheit" nennt. Aber Lorenz (1971) zeigt die wesentlichen Unterschiede auf von Rangordnungsstreitigkeiten innerhalb einer Dohlenkolonie und solchen im Hühnerhof: „In jeder Anhäufung nichtsozialer Tiere ... hacken die hoch im Rang Stehenden besonders gern und wütend auf die Ranguntersten. Ganz anders bei den Dohlen. In der Dohlengesellschaft sind die Ranghohen ... durchaus nicht angriffslustig gegen die, die tief unter ihnen stehen. Nur gegen die, die ihnen im Rang unmittelbar unterstehen, sind sie gereizt, vor allem der „Despot" gegen den „Thronprätendenten" ... z. B. sitzt die Dohle A am Futterplatz und frißt. Die Dohle B kommt in Imponierhaltung ... heran, worauf A beiseite rückt, im übrigen aber sich nicht stören läßt. Nun kommt C, deren Imponierhaltung weniger ausgesprochen ist, heran, worauf A sofort flieht, B Drohstellung annimmt, das Rückengefieder sträubt, C angreift und vertreibt. Die Erklärung: C stand in der Rangordnung zwischen den beiden anderen, der rangtiefen A nahe genug, sie zu ängstigen, der ranghohen B nahe genug, ihren Zorn zu erregen" (Lorenz 1971).

Die ranghöchsten Dohlen müssen nicht in allen Situationen die mutigsten sein. Zu dieser Auffassung kam ich bei Fütterungsexperimenten Anfang April in unmittelbarer Nähe der Kolonie Jena-Göschwitz. Bald nach dem Auslegen des Futters kamen 6 Dohlen herbei, flogen mehrmals niedrig über die Futterstelle und blockten dann mißtrauisch auf einem 15 m entfernten Betonmast auf. Da ich in 50 m Entfernung aus dem Auto beobachtete, traute sich zunächst kein Vogel an das Futter. Ein Dohlenpaar wurde von den Ranghöheren abgedrängt und setzte sich in noch größerer Entfernung auf den Freileitungsdraht. Eine dieser rangniederen Dohlen wagte schließlich den Anflug, packte ein mit Margarine bestrichenes Semmelstück und flog damit zum Nistplatz. Alle anderen Dohlen stürmten ihr hinterher und versuchten, dieser Dohle die „Beute" im Luftkampf abzujagen.

8. Ernährung

8.1. Nahrungsreservoire

Zu den von futtersuchenden Dohlen bevorzugten Habitaten gehören fruchtbare Äcker, Wiesen und Weiden in der Ebene bis etwa 1 200 m Höhe ü. M. Diese Bevorzugung ist nicht einheitlich vom nahrungsökologischen Optimum geprägt, denn Dohlen leben auch in weniger ergiebigen Feldfluren, dann aber oftmals in Abhängigkeit von günstigen Nistgelegenheiten.

Im Winter werden Viehweiden vor umgebrochenen Ackerflächen bevorzugt. Diese Grasflächen werden weniger vereist als umgebrochene Äcker, auch beherbergt das Grasland ein größeres Nahrungsreservoir, auch in animalischer Beziehung. An frostfreien Wintertagen und bei Tauwetter werden häufiger Ackerflächen mit bestellter Wintersaat aufgesucht. Auch Rieselfelder und die Umgebung von Schlachthöfen gehören zum Nahrungsbiotop der Dohlen. Daß auch abseits von fruchtbaren Nahrungsgründen in der Kulturlandschaft periphere nahrungsökologische Lücken zu besetzen sind, weisen R i n n h o f e r u. S a e m a n n (1968) für Karl-Marx-Stadt nach, wo sowohl für die Wintervögel wie auch für die Stadtbrutvögel aus dem Stadtinneren die Ruderalstellen ein günstiges Nahrungsreservoir bilden.

Abfallhaufen und Stalldungplätze, meist von der Schweine- und Rinderhaltung, werden auch in unmittelbarer Nähe der Niststätten zur Brutzeit aufgesucht, ebenso Obst- und Gemüsegärten. Das Nahrungsgebiet kann mehrere km von den Nistplätzen entfernt sein.

Wie erfinderisch und anpassungsfähig Dohlen hinsichtlich der Erschließung von Nahrungsquellen sein können, zeigen die Brutdohlen der Autobahnbrücke Jena-Göschwitz. Die geringe nahrungsökologische Ergiebigkeit der Feldflur in der näheren Umgebung dieser Kolonie veranlaßt die Dohlen, den Hof der nahen Oberschule Jena-Lobeda West nach Schulbrotresten abzusuchen (Dr. Z a u m s e i l mündl.).

8.2. Nahrungssuche und Nahrungserwerb

Dohlen gehen kaum einmal einzeln, sondern meist paarweise oder im Schwarm der Nahrungssuche nach. N a u m a n n (1905) schreibt: „Auf den Wiesen zupfen sie die Grasstauden aus, an deren Wurzeln Maden sitzen und verzehren diese". Bei G l u t z v. Blotzheim (1964) ist zu lesen: „Die Nahrung wird vom Boden abgelesen, durch Zirkeln aus Erdspalten geholt und durch Ausreißen von Pflanzen oder Abheben von Steinen und Erdschollen freigelegt". Aber der Nahrungserwerb der Dohlen ist vielgestaltig und läßt sich kaum mit weniger Worten umreißen. Im Mai sah ich die Brutdohlen von Heuckewalde die ersten Triebe gerade aufgehender Erbsen abzupfen, dann flogen sie auf die Dungstätten der nahen Rinder- und Schweinehaltung und sammelten Insekten ab, u. a. Schmeißfliegen (*Calliphora erythrocephala* Meig.) und Mistfliegen (*Scopeuma stercoraria* L.); einmal sah ich sie hier ein Mäusenest (Art?) ausräumen. Zur Brutzeit können Dohlen zur Nahrungssuche 2 km und weiter fliegen, aber auch in unmittelbarer Nähe ihrer Nistplätze der Nahrungssuche nachgehen.

Im Herbst saßen die Dohlen in Heuckewalde am Schloß in den Wipfeln meist höherer Apfelbäume, wo sie die Äpfel anhackten. Zu dieser Zeit können sich Dohlen zur Nahrungssuche mit anderen Vogelarten vergesellschaften. C r e u t z (1955) zählte am 27. 10. 1954 auf einem Feld in Mecklenburg die hinter dem Pflug nach Nahrung suchenden Vögel: 40 Saatkrähen, 30 Nebelkrähen, 10 Dohlen, 25 Lachmöwen und wenigstens 30 Stare.

L o r e n z (1931) beobachtete an einer seiner Dohlen, wie sie Vogeleier erbeutete. Sie hackte ein Loch in die Schale, steckte den Unterschnabel hinein, legte den Oberschnabel fest auf und trug das Ei geschickt mit dem Loch nach oben davon. Ein ähnliches

Verhalten stellte Tinbergen (1958) an Krähen fest. Lorenz (1931) erblickt in diesem Verhalten eine Triebhandlung, die wahrscheinlich allgemein von intakten Vögeln („Volldohlen") geleistet werden kann, also zum ererbten Inventar zumindest einiger Corviden gezählt werden kann.

8.3. Die Nahrung der Altvögel

Dohlen sind Allesfresser mit einem breiten Nahrungsspektrum, in dem sich die Anteile der vegetabilischen und animalischen Nahrung besonders zwischen warmer und kalter Jahreszeit sehr verschieben. Untersuchungsbefunde aus gleichen Monaten können trotzdem sehr differieren, und dies sogar aus gleichen oder ähnlichen Untersuchungsgebieten. Die Ursache ist sicher nicht in individueller „Findigkeit" der Dohlen zu suchen, sondern eher in der potentiellen Unvergleichbarkeit der Kalendermonate, was besonders für die Wintermonate zuzutreffen scheint. Magenproben können von Dezembertagen mit $+8\,°C$, aber auch von solchen mit $-18\,°C$ stammen, woraus sich manche Diskrepanz erklären läßt.

Gasow (1949) untersuchte die Mageninhalte von 7 geschossenen Altdohlen aus den Monaten April, Mai, Juni (je 2 Ex.) und September (1 Ex.) und fand 57 % tierische und 43 % pflanzliche Stoffe. In 5 dieser Mageninhalte wurden insgesamt 170 mehr oder weniger für den Menschen schädliche Insekten gefunden, darunter 108 Puppen oder Raupen des Grünen Eichenwicklers (*Tortrix viridana* L.) und anderer Wickler.

Kluijver (1945) untersuchte niederländische Dohlen und verglich die Ergebnisse mit denen von Rörig (1900), Collinge (1918–1924), Newstead u. Madon (zit. in Kluijver 1945). Kluijver ermittelte von 36 untersuchten Mageninhalten von Altdohlen aus den Monaten Oktober 1943 bis April 1944 10 % tierische und 90 % pflanzliche Stoffe. In 33 dieser Dohlenmagen fanden sich Reste von Kulturpflanzen: Hafer, Weizen, Roggen, Kartoffeln und Rüben, durchschnittlich pro Magen 18 Getreidekörner. In 10 Magen dieser Dohlen wurden insgesamt 45 Schadinsekten gefunden.

Collinge (1918–1924) ermittelte die Nahrungsbestandteile aus 48 Magen britischer Dohlen mit 71,5 % tierischer und 28,5 % pflanzlicher Nahrung für die warme Jahreszeit bzw. Brutzeit. Von den 71,5 % tierischer Nahrung sind 39,5 % Schadinsekten, 4,5 % Schnecken, 3,5 % Würmer, 2 % Reste von Eiern, 2 % von jungen Vögeln und 9 % andere Tiere. In der animalischen Nahrung entfällt der Hauptteil mit 42 % auf Insekten: Käfer (Coleoptera: *Carabus, Pterostichus, Agriotes, Phyllopertha, Otiorrhynchus, Sitona* und Larven), Larven von Lepidoptera, Diptera; Tipuliden. Die pflanzliche Nahrung enthielt 8,5 % Weizen, 2,5 % Kartoffeln und Wurzeln, 2,5 % Geflügelfutter, 3 % Früchte, 5,5 % Unkrautsamen und 6,5 % andere pflanzliche Stoffe (Kirschen, Beeren, Walnüsse).

Nach Jourdain (in Witherby et al. 1949) sind an der tierischen Nahrung britischer Dohlen Küken von Fasanen und Rebhühnern sowie Junge von Mistel- und Singdrosseln und Amseln beteiligt, ferner Mäuse, Frösche, Schnecken, Spinnen, Tausendfüßer, Regenwürmer, Zecken.

Für die Schweiz nennt Zimmermann (in Glutz v. Blotzheim 1964) für die tierische Nahrung einen überwiegenden Anteil von Insekten, und zwar vor allem Coleoptera, auch Hymenoptera, Diptera und Lepidoptera, sodann ebenfalls Würmer, Schnecken, Tausendfüßer und Spinnen. Im Frühjahr wird den Dohlen Nestraub nachgewiesen, Eier und Jungvögel werden erbeutet, aber auch Mäuse. Für die vegetabilische Nahrung werden genannt: Cerealien (frisch gekeimte Mais- und Getreidekörner), Früchte aller Art: Kirschen, Äpfel, Weintrauben und die verschiedensten Beeren. Abfälle aus menschlichen Haushalten wie Käse, Brot, Teigwaren u. a. werden nicht nur im Winterhalbjahr gern angenommen, sondern auch an die Nestlinge verfüttert.

In einigen Untersuchungen zur Ernährung der Dohlen ist die eigentliche Zielrichtung zu erkennen, nämlich die Ermittlung der Nützlichkeit bzw. Schädlichkeit der Dohle für die Land- und Forstwirtschaft und den Gartenbau zur Abwägung bzw. Einleitung von Bekämpfungsmaßnahmen (!).

Aas wird von mehreren Autoren als Teil des Nahrungsspektrums der Dohle angegeben (Zimmermann 1952 – Vogelkadaver, Glutz von Blotzheim 1964 – auch größeres Aas, Stubbe 1977). Dies konnte bei den eigenen Untersuchungen weder beobachtet noch experimentell provoziert werden (vgl. auch Naumann 1905).

Conrad (1984) stellte einen Haussperling als Beute der Dohle fest. Am 24. 9. 1981 wurde in Dessau eine Dohle beim Rupfen und Kröpfen des Haussperlings beobachtet. Das Schlagen des Sperlings konnte jedoch nicht wahrgenommen werden.

Sehr ungewöhnlich ist auch, daß Dohlen sich an den Eiern des Graureihers vergreifen, was bei Altyre in England (Lowe 1954) und im Kreis Schlochau (Czluchow, VR Polen) nachgewiesen wurde (Frase 1936), wo Brutkolonien der Graureiher schwer geschädigt wurden (Creutz 1981).

Auch für die Aufnahme vegetabilischer Nahrung sind ungewöhnliche Beobachtungen verbürgt, z. B. sah Gebhardt (1944) in Nürnberg am 1. 11. 1943 früh 7 Uhr einen Schwarm Dohlen in eine alte Eiche einfallen. Die Dohlen „kröpften" ganz nach Art der Eichelhäher die sehr zahlreichen Eicheln. Ein großer Teil der Eicheln fiel hinunter und schlug auf ein Dach auf. Eicheln werden von Naumann (1905) als Dohlennahrung jedoch nicht genannt, wohl aber Vogelbeeren (*Sorbus aucuparia* L.). Das Verzehren von Vogelbeeren konnte ich nur an aufgezogenen Dohlen beobachten. Die Beere wurde mit den Zehen festgehalten, mit dem Schnabel aufgehackt und die Samen herausgepickt. Im Winter wurden in der Voliere getrocknete Vogelbeeren genommen.

8.4. Gewölle und Gastrolithen

Bei Naumann (1905), Lorenz (1931, 1932, 1971), Zimmermann (1951), Niethammer (1937) und Glutz v. Blotzheim (1964) finden sich keine Hinweise auf Gewölle; bei Gasow (1949) sind nur Gastrolithen (Magensteine) aufgeführt. Dies hat durchaus seine Ursachen. Gastrolithen können im allgemeinen nur im Mageninhalt toter Vögel festgestellt werden. Gewölle lassen sich meist nur von gefangenen bzw. aufgezogenen Vögeln gewinnen. Sowie Dohlen der Freiflug ermöglicht wird, wie z. B. bei Lorenz (1931, 1971), gehen die weitaus meisten Gewölle im Freien verloren.

In der Ornithologie sind Gewölle als ausgestoßene, unverdauliche Nahrungsreste der Greifvögel und Eulen längst ein fester Begriff, aber auch beim Graureiher (Creutz 1981), Eisvogel (Makatsch 1952), bei Raben- und Nebelkrähe (Melde 1984) und anderen Vogelarten gebräuchlich. Die Gewölle der Dohle werden von Prinzinger u. Wurst (1978) Speiballen genannt, obwohl die stoffliche Zusammensetzung sich kaum von Gewöllen unterscheiden. Deshalb soll hier an der Benennung „Gewölle" festgehalten werden.

Prinzinger u. Wurst untersuchten die Gewöllbildung an 4 handaufgezogenen Dohlen (drei dreijährige ♀ und ein zweijähriges ♂). Während der 106 Tage dauernden Haltung wurden 433 Gewölle gefunden, was pro Dohle und Tag etwa einem Gewölle entspricht. Die durchschnittliche Größe wird angegeben mit 17,2 (±4,2)×8,9 (±1,3) ×6,4 (±1,1) mm. Das größte Gewölle maß rund 30×11×9 mm. Das beim Herauswürgen vorangehende Ende ist stets gerundet, das hintere Ende spitz geformt.

An meinen aufgezogenen Dohlen sah ich, daß sie erstmals im Alter von 38 Tagen Gewölle abgaben. Prinzinger u. Wurst nehmen jedoch an, daß die Gewöllbildung schon in der frühen Jugendentwicklung einsetzt, denn eine erst dreitägige Rabenkrähe aus einem Freilandnest spie beim Wiegen ein Gewölle aus, das in der Größe fast so ausfiel wie bei Altvögeln.

Die Gewölle meiner Dohlen waren stets hellgelb gefärbt und hatten die Form einer Mandel, meist mit dreikantigem Querschnitt. Die Gewöllmaße bewegten sich zwischen den notierten Maßen:

30 × 13 mm, eine Seite dreikantig, 10,5 mm hoch
21 × 15 × 10 mm hoch
30 × 11,5 × 8,5 mm hoch

Meine Dohlen wurden mit zerschnittenen weißen Mäusen gefüttert, woher wahrscheinlich die Gelbfärbung der Gewölle rührte.

Eine natürliche, optimale Gewöllbildung kann nur erfolgen, wenn die Nahrung reich an Ballaststoffen ist. Vor der Verfütterung von Herz, Rind- und Schweinefleisch wurden die Futterbrocken in Haferflocken gedrückt, zuweilen auch mit grobem Mehlwurmschrot überstreut. Auf diese Weise wurde meinen aufgezogenen Dohlen die Bildung von Gewöllen erleichtert. Prinzinger u. Wurst stellten fest, daß ihre aufgezogenen Dohlen beim Fehlen unverdaulicher Bestandteile alle erreichbaren unverdaulichen Materialien aufnahmen und sie in den Gewöllen wieder ausschieden: Heu, Holzspäne, Papier, Styropor, PVC-Folie und Silikondichtungsmaterial sowie Gummi. In stundenlanger Arbeit hämmerten ihre Dohlen winzige Späne von den Holznistkästen ab, schluckten sie und würgten sie als Holzspangewölle wieder aus.

Frisch ausgestoßene Gewölle meiner Dohlen wogen etwa 1 g. Daß die Gewöllabgabe regelmäßig täglich erfolgt, kann ich nicht bestätigen. Die Gewöllabgabe konnte zwei bis drei Tage aussetzen, aber auch an einem Tag zweimal erfolgen. Im Gegensatz zu Falconiformes und Strigiformes, die beim Herauswürgen ihrer Gewölle vertikale Reckbewegungen des Ösophagus ausführen, gaben meine Dohlen ihre Gewölle nach wenigen Schluckbewegungen mit einem seitlichen Ruck des Kopfes, also in horizontaler Richtung, von sich.

Gastrolithen wurden von Prinzinger u. Wurst in allen 433 untersuchten Dohlengewöllen gefunden. Bevorzugt ist die Größenklasse von 1,5 bis 3 mm. In der Größe unter 1,5 mm wurden zwischen 10 und 150 Stück pro Gewölle gefunden. Prinzinger u. Wurst betonen die Möglichkeit der passiven Aufnahme mit der auf feuchter Erde liegenden Nahrung, was sehr wahrscheinlich ist.

Gasow (1949) untersuchte die Mageninhalte von 14 nestjungen Dohlen und fand in allen Fällen Magensteinchen, die zum Teil erheblich größer waren als die der Altvögel und in der Größe von Sand bis 9,5 mm Größe variierten. Im Durchschnitt waren pro Magen 13 Steinchen enthalten, im Maximum 33 Steinchen von 1,5 bis 9,5 mm Größe, sodann in 5 der 14 Proben Sand.

8.5. Trinken und Schneefressen

Wildlebende Dohlen trinken aus stehenden (auch Pfützen) und fließenden Gewässern, wie es allgemein von Passeriformes bekannt ist. Haben aufgezogene Dohlen in der Gefangenschaft die Wahl, trinken sie besonders in sommerlicher Hitze gern aus kleinen Springbrunnen wie auch aus dem Wasserschlauch, was sich aus der triebhaften Neugier der Dohlen für alles sich Bewegende erklären läßt.

Das Schneefressen kann bei Dohlen wie auch bei anderen Passeres in winterlicher Notzeit auftreten, wenn alle erreichbaren Wasserstellen zugefroren sind. Lorenz (1931) beschreibt das Schneefressen seiner Dohlen in einem sehr harten Winter (Januar 1929). Das angebotene Trinkwasser gefror so rasch, daß die in niederer Rangklasse stehenden Vögel, die als letzte zur Tränke durften, nicht genügend Zeit zum Trinken hatten und somit auf das Schneefressen angewiesen waren. Lorenz verlor in diesem Winter 7 Dohlen, die von einer mit schweren Durchfällen einhergehenden Seuche befallen wurden. Hiervon waren keine älteren, zweijährigen Vögel betroffen, denen das normale Wassertrinken durch ihre höhere Rangklasse möglich war.

8.6. Die Nahrung für die Brut

Dohlen bringen das Futter für ihre Jungen fast immer im Kehlsack und stopfen es ihnen tief in den Rachen, so daß selbst bei Nestbeobachtungen aus nächster Nähe keine Bestimmung der Nahrungsbestandteile möglich ist. Zimmermann (1951) legte den Jungen einen Wollfaden um den Hals (nicht knapp unter dem Kopf, sondern unmittelbar oberhalb des Rumpfes, weil sonst der Faden vom Schnabel des Altvogels geweitet und das Futter dennoch in den Magen gelangen konnte) und entnahm vom 1. bis zum 18. Tag von mehreren gleichaltrigen Jungen jeweils täglich eine Nahrungsprobe. Das nachfolgende Untersuchungsergebnis ist gekürzt. Unter „Engerling" ist der Maikäfer-Engerling *(Melolontha)* zu verstehen:

1 Tag alt. Teile von Engerlingen (auch von Maikäfern), Haare von 4 bis 12 mm Länge, Fleischfliege *(Helicobosca muscaria)*, 3 unbehaarte Schmetterlingsraupen *(Lepidoptera)* von 12 bis 19 mm Länge, 1 Käferlarve 9 mm lang, Spinnenkokon 5 × 7 mm Durchmesser. (Aus 7 Proben)

2 Tage alt. 2 Engerlinge 20 mm lang, Stück eines Junikäfers *(Amphimallus solstitialis)*, 2 Schnellkäfer *(Elateridae)* von 7 bzw. 9 mm Länge, 2 Radnetzspinnen 5 bzw. 8 mm lang, 1 Kreuzspinne *(Aranea undata)*, 1 Bienen- oder Wespenmade *(Hymenoptera)* 7 mm lang, weitere Stücke von Engerlingen, 2 Fleischfliegen *(Sarcophaga carnaria)* Brotstück von 10 × 8 × 5 mm. (Aus 4 Proben)

3 Tage alt. Stücke eines Regenwurmes *(Lumbricus)*, Stück vom Engerling und Engerling 26 mm lang, behaarte Schmetterlingsraupe 25 mm lang, Spinne, Bienen- oder Wespenmade 7 mm lang. (Aus 3 Proben)

4 Tage alt. 2 Blatthornkäfer *(Aphodius)*, Haare 15 bis 22 mm lang, Engerling 22 mm lang, Rüsselkäfer *(Curculionidae)* 9 mm lang, 5 Brotstücke, Spinne, Stücke von Engerlingen. (Aus 9 Proben)

5 Tage alt. 7 Engerlinge bis 25 mm lang, 6 Blatthornkäfer *(Aphodius nigripes, Ontophagus ovatus)*, 5 Rüsselkäfer *(Barynotus obscurus)*, 1 Schnellkäfer *(Elateridae)* 10 mm lang, 1 Kurzflügelkäfer *(Staphylinus pubescens)*, 1 Goldfliege *(Lucilia caesar)*, Stück vom Regenwurm 8 mm lang, Schmetterlingsraupen 7–10 mm lang, 1 unbehaarte Schmetterlingsraupe *(Lepidoptera)* 20 mm lang, 2 Spinnen. (Aus 8 Proben)

6 Tage alt. 2 Blatthornkäfer *(Aphodius nigripes)* 7–10 mm, Schnecke 4 mm lang, Krabbenspinne *(Misumena)* 7 mm, Brotbrocken 17 × 9 mm, Mesothorax eines Maikäfers *(Melolontha).* (Aus 4 Proben)

7 Tage alt. 3 Engerlinge bis 35 mm, Teile eines Maikäfers, 3 Käsebrocken 10–14 mm, Apfelstück, 2 Garnstücke. (Aus 4 Proben)

8 Tage alt. 6 Engerlinge bzw. Stücke davon, 1 Drahtwurm *(Elateridae),* 2 Maikäfer-Abdomen. (Aus 5 Proben)

10 Tage alt. Engerling 26 mm, Haare, Brotbrocken. (Aus 2 Proben)

11 Tage alt. Blatthornkäfer *(Aphodius nigripes),* Daunenfeder, Brotbrocken von 5,5 cm^2, 6 Engerlinge bis 40 mm lang, 18 Schmetterlingsraupen *(Hadena* sp.), 3 Fliegen *(Sarcophaga grisea)* 12 mm, 4 Blatthornkäfer (2 *Onthophagus ovatus,* 2 *Aphodius nigripes*), 9 Rüsselkäfer (3 *Barynotus obscurus,* 6 *Sitona flavescens*), 2 Schnellkäfer *(Agriotes gallicus),* Teile von 2 *Coleopteren,* 1 Laufkäfer *(Carabidae),* 5 Spinnen mit 10 mm Beinlänge, 3 Spinnen-Eikokons, 1 Brocken Schachtelkäse, 7 Mörtelstücke bis 10 × 5 × 3 mm. (Aus 6 Proben)

12 Tage alt. 3 Engerlinge bis 27 mm lang, 1 Gartenlaubkäfer *(Phylloperta),* Abdomen und Metathorax eines Käfers, 3 Tausendfüßer *(Diplopoda, Julidae),* in 16 Stücke von 2–12 mm zerbissen; 3 Brotstücke bis 20 × 10 × 8 mm. (Aus 2 Proben)

14 Tage alt. 1 Engerling *(Melolontha),* 1 Engerling *(Amphimallus solstitialis),* 2 Fliegen *(Scatophaga merdaria* und *Sarcophaga* sp.), 7 Blatthornkäfer, 3 Rüsselkäfer. (Aus einer Probe)

15 Tage alt. 1 Engerling und 2 Teile eines weiteren, 2 Spinnen, 6 Blatthornkäfer (3 *Aphodius nigripes, A. erraticus, A. fineratus, Ontophagus taurus*), 2 Rüsselkäfer *(Phytonomus punctatus),* 1 Bienen- oder Wespenmade *(Hymenoptera),* 2 Spinnen, 2 Knorpelstücke; Schnabel, Flügel und Rückenstück eines sehr jungen Vogels, wahrscheinlich Taube, größtes Stück 20 mm; 1 Zitronenkern. (Aus 3 Proben)

17 Tage alt. 10 Stücke von Nudeln 10 × 15 mm, 2 Teile einer Schnecke, 1 Blattwespenlarve *(Tenthredinidae),* 5 Engerlinge, 1 Schnellkäfer *(Limonius minutus),* 15 Stücke von Tausendfüßern *(Diplopoda);* 10 Tuffsteinchen bis 10 mm ⌀ (Aus 4 Proben)

18 Tage alt. 12 Stücke von Nudeln 15 × 7 mm, 1 Mooszweig 5 mm lang. (Aus einer Probe)

Die Untersuchung von Zimmermann (1951) weist den großen Anteil der animalischen Nahrung nach, aber auch den frühzeitigen Beginn mit vegetabilischer Nahrung, nämlich das Verfüttern von Brot bereits am 2. Lebenstag. Das in der Nahrungsprobe vom 15. Tag mit Wahrscheinlichkeit festgestellte Fleisch einer Taube kann vom Nistplatz dieser Dohlen stammen (Großmünster Zürich), wo auf dem Karlsturm gerissene Haustauben mehrfach gefunden wurden.

9. Allgemeines zur Verbreitung und Siedlungsdichte

Zu den wohl ältesten Nistorten gehören Felswände, nach Creutz (1935) solche im Elbsandsteingebirge, nach Zimmermann (in Glutz v. Blotzheim 1964) in den Schweizer Alpen. Auch Gipswände werden besiedelt, wie die von Quantz (1930) genannten Gipswände am Katzenstein nahe Osterode am Harz, wo sich die Dohlen durch Aushöhlung des lockeren Gesteins ihre Nistplätze geschaffen haben. Auch die Lehmsteilwände bei Konstanza am Schwarzen Meer (VR Rumänien) sind nach Tuchscherer u. Förster (1965) ebenso Brutgebiete der Dohle wie das Küstengebiet der südlichen Dobrudscha (Silberküste, VR Bulgarien), von dem Baumgart (1970) berichtet. Größler (1963) beobachtete am Balaton (VR Ungarn) etwas südlich von Földvár mindestens 15 Brutpaare in einer steilen Lehmwand von etwa 30 m Höhe, wobei Größler nicht sicher ist, ob die Dohlen diese Höhlen selbst gegraben haben. Bekannt sind die Dohlenfelsen bei Kronstein im Naturpark Altmühl in Bayern, wo Dohlen in enger Nachbarschaft mit ebenfalls hier nistenden Turmfalken leben.

Die Mehrheit der Dohlen ist jedoch an Gebäuden zu finden. Alte Bauten mit sehr hohen und unzugänglichen Mauernischen oder Rüstlöchern wie z. B. der Havelberger Dom (Bez. Magdeburg), der mit 47,5 m Höhe eine starke Dohlenpopulation von 70 bis 80 BP beherbergt (Plath 1985) und wahrscheinlich als größte Kolonie der DDR gilt, sind selten gewordene Beispiele für ungestörte Brutplätze in biozönotisch idealer Umgebung mit Baumbestand und fruchtbarer Feldflur.

Die erhebliche nistökologische Plastizität der Dohle läßt sich ableiten aus Vergleichen zwischen Kolonien mit 100 Brutpaaren und andererseits den Einzelbrutern, zwischen Bruten im Mauerwerk von Gebäuden und in Kaminen sowie Baumhöhlenbruten im Laub- und Mischwald sowie in Nistkästen. Dennoch, in Mecklenburg nisten Dohlen nie im Waldinnern (Klafs u. Stübs 1977), was auch für viele andere Brutgebiete gilt und bereits von Naumann (1905) vermerkt wurde: „Sie wohnen bei uns nicht in großen Wäldern, sondern in Feldgehölzen ...".

Im Rheinland sind alle Kreise besiedelt, aber die größeren Verbreitungslücken bestehen in den stark bewaldeten Hochlagen von Eifel, Hunsrück, Westerwald und dem Bergischen Land (Mildenberger 1984). Auch die ausgedehnten Waldgebiete in den Mittelgebirgen des Rheinlandes beherbergen nur wenige in Baumhöhlen brütende Dohlen (Blana 1978 in Mildenberger). Für die Schweiz scheint dieses Ökoschema nicht zuzutreffen, denn nach Glutz v. Blotzheim (1964) nisten die Dohlen hier nicht nur in Auwäldern, sondern sogar in geschlossenen Waldungen, und hier als Einzelwie als Koloniebrüter.

Nach Voous (1962) nisten Dohlen in ihrem Verbreitungsgebiet in Kolonien von 10 bis Hunderten von Paaren, was nicht ganz eindeutig ist, denn es gibt auch Dohlenkolonien von weniger als 10 Paaren.

Die nistökologische Anpassungsfähigkeit kommt auch in der sehr variierenden Nisthöhe zum Ausdruck. Dohlen können im Erdboden in Kaninchenbauen nisten (Niethammer 1937, Hübner in Klafs u. Stübs 1977, de Vries 1951, Waldeck u. Bosch 1932). Andererseits werden die höchsten Gebäude besiedelt, z. B. im weit über 100 m Höhe der Kölner Dom (Mildenberger 1984).

9.1. Siedlungsdichte und Bestandsschwankungen in der DDR

Nach Rutschke (1983) wird die größte Siedlungsdichte in Brandenburg erreicht (Bezirke Potsdam, Frankfurt/Oder, Cottbus und Berlin). Für dieses Gebiet (einschl. Westberlin) mit einer Größe von 28 913 km² gibt Rutschke für die Brutdohlen die Häufigkeitsziffer 6 an: 5 000–10 000 BP (häufig). Es würde sich eine Siedlungsdichte ergeben,

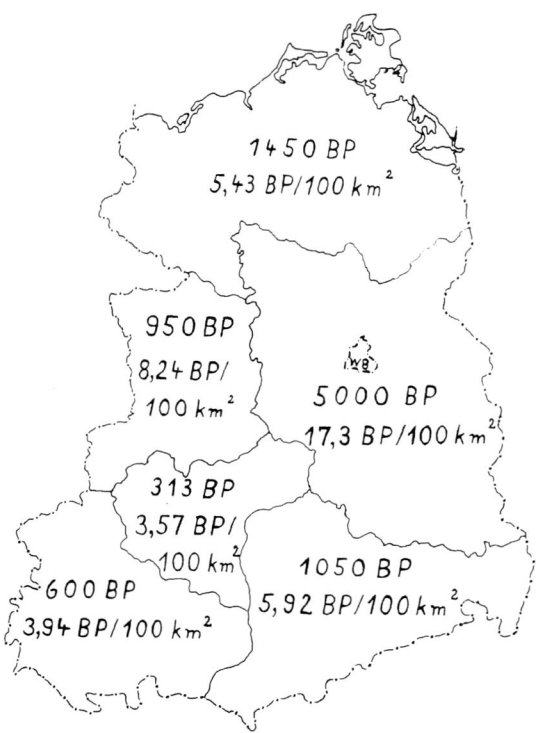

1450 BP
5,43 BP/100 km²

950 BP
8,24 BP/
100 km²

5000 BP
17,3 BP/100 km²

313 BP
3,57 BP/
100 km²

1050 BP
5,92 BP/100 km²

600 BP
3,94 BP/100 km²

Abb. 51. Quantitative Verteilung der Brutdohlen in der DDR. Errechneter Gesamtbestand: 9 363 BP, durchschnittliche Siedlungsdichte 8,6 BP/100 km². Für Brandenburg wurde der Minimalwert, für Mecklenburg und Thüringen wurden Mittelwerte eingesetzt.
Nach Plath (Mskr., 1985, 1986), Rutschke (1983), Nicolai et al. (1982), Klebb⁻(1984), Lieder in v. Knorre et al. 1986) sowie nach Angaben verschiedener Artbearbeiter

die etwa der drei- bis sechsfachen Siedlungsdichte des übrigen DDR-Gebietes entspricht und zur Skepsis Anlaß geben dürfte.

Höhlenreicher Baumbestand von Buchen-, Kiefern- und Mischwäldern mit Eichen sowie in Parks wird für die Brutlokalitäten zuerst genannt. Als Einzelbrüter und in kleinen Kolonien nistet die Dohle in Baumhöhlen wie auch an Gebäuden aller Art. Für die Baumbrüter nennt Wendland (1956) vor allem die nördliche Schorfheide. Eine interessante Baumbrüterkolonie mit 12–20 BP im Branitzer Park bei Cottbus wurde durch Striegler u. Jost (1982) bekannt.

Für Mecklenburg stellt bereits Kuhk (1939) den Rückgang von Dohlenbruten in Siedlungen fest. Dagegen fand Lübcke (1954) durch die seit 1942 entstandenen Kriegsruinen eine Zunahme auf das Dreifache. Von Jung (in Klafs u. Stübs 1977) wurde der Bestand auf 5 000 BP geschätzt, dann von Klafs (in Klafs u. Stübs 1979) nach Quadrantenkartierung nur knapp 2 000 BP ermittelt. Danach gilt als dohlenreichste Stadt Stralsund mit rund 150 BP in 12 Kolonien.

Plath (Mskr.) führte 1984/1985 mit Hilfe von 97 Mitarbeitern eine Zählung durch, in der nur wenige Schätzungen enthalten sind und nur für 8 Kreise keine Zahlen ermittelt werden konnten (Tabellen 1–3). Nach dieser Untersuchung kann nur noch ein Bestand von max. 1 500 BP angenommen werden (Plath 1986). Für die drei Mecklen-

Tabelle 1. Brutbestände der Dohle in den Kreisen des Bezirkes Rostock. Nach Plath (Mskr.)

Kreis	Bruttofläche (km²)	Zahl der BP	Brutbestandsdichte (BP/100 km²)
Bad Doberan	550	55	10,0
Greifswald-Land	537	?	?
Greifswald-Stadt	50	18	36,0
Grevesmühlen	657	50	7,5
Grimmen	632	–	–
Ribnitz-Damgarten	942	40	4,3
Rostock-Land	691	4	0,6
Rostock-Stadt	179	8	4,5
Rügen	973	120	12,3
Stralsund-Land	593	14	2,4
Stralsund-Stadt	39	150	384,6
Wismar-Land	538	12	2,1
Wismar-Stadt	41	30	73,2
Wolgast	542	?	?
Gesamt:	7 074/5 945	501	8,4

burger Bezirke ermittelte er auch die Verteilung von Gebäude- und Baumbruten (Tabelle 4).

Klafs (in Klafs u. Stübs 1987) und Plath (1985, 1986) erblicken in der Konkurrenz durch Straßentauben eine der Ursachen des Bestandsrückganges der Brutdohlen in Gebäuden. Schmidt (1987) fand für 18 Gebiete der DDR, BRD, ČSSR und Schweiz jedoch nur in drei Fällen Nachweise für eine Verdrängung der Dohlen durch Straßentauben.

Tabelle 2. Brutbestände der Dohle in den Kreisen des Bezirkes Schwerin. Nach Plath (Mskr.)

Kreis	Bruttofläche (km²)	Zahl der BP	Brutbestandsdichte (BP/100 km²)
Bützow	502	15	3,0
Gadebusch	536	?	?
Güstrow	1 002	58	5,8
Hagenow	1 550	60	3,9
Ludwigslust	1 160	?	?
Lübz	700	50	7,1
Parchim	677	60	8,9
Perleberg	1 066	10	0,9
Schwerin-Land	857	10	1,2
Schwerin-Stadt	130	10	7,7
Sternberg	493	20	4,1
Gesamt:	8 673/6 977	293	4,2

Tabelle 3. Brutbestände der Dohle in den Kreisen des Bezirkes Neubrandenburg. Nach Plath (Mskr.)

Kreis	Bruttofläche (km²)	Zahl der BP	Brutbestandsdichte (BP/100 km²)
Altentreptow	501	35	7,0
Anklam	755	?	?
Demmin	783	10	1,33
Malchin	651	30	4,6
Neubrandenburg-Land	656	?	?
Neubrandenburg-Stadt	86	5	5,8
Neustrelitz	1 243	10	0,8
Pasewalk	844	52	6,2
Prenzlau	795	20	2,5
Röbel	544	45	8,3
Strasburg	621	?	?
Templin	996	?	?
Teterow	675	26	3,9
Ueckermünde	789	–	–
Waren	1 009	32	3,2
Gesamt	10 948/8 675	265	3,1

Der Bezirk Magdeburg hat einen relativ guten Dohlenbestand, der nach Nicolai et al. (1982) aber wohl rückläufig ist. Als Brutvogel kommt die Dohle nur in Ortschaften vor, nicht im Wald. Sie fehlt im Bereich der Börde, nach Haensel u. König (1978) offenbar auch im Harz. Nach Steinke (Mskr.) ist die Altmark am stärksten besetzt mit etwa 600 BP auf 4 500 km², was 13,3 BP/100 km² entspricht. Manche Vorkommen wurden in neuerer Zeit nur grob geschätzt, z. B. für den Kreis Haldensleben „mäßig häufig" (Brennecke 1984).

In der bereits genannten, wahrscheinlich größten Dohlenkolonie der DDR am Havelberger Dom ermittelte Plath (1985) bei 76 BP eine Brutdichte von 1,54 BP/ 1 000 m³ umbauten Raum. An diesem im nistökologischen Sinn als „Kulturfelsen" wirkenden hohen Gebäude ist ein Bestandsrückgang nicht in Sicht.

Dohlen bilden zuweilen jedoch auch in relativ niedrigen Gebäuden stabile Kolonien wie z. B. seit 1962 in einem nur zweistöckigen Wohnhaus am Stadtrand von

Tabelle 4. Gebäude- und Baumbruten der Dohle in den Nordbezirken der DDR. Nach Plath (Mskr.)

Bezirk	Zahl der berücksichtigten BP	Gebäudebrüter (%)	Baumbrüter (%)
Rostock	497	80	20
Schwerin	258	64	36
Neubrandenburg	216	65	35

Zerbst an der F 184. Je zur Hälfte nisten die 10 bis 12 Dohlenpaare in Nistkästen auf dem Hausboden und in unbenutzten Kaminen bis in Tiefen von 4 bis 5 m (Dr. Gorgass briefl.).

Der Gesamtbestand für den Bezirk Magdeburg läßt sich nur grob auf etwa 950 BP schätzen.

Im Bezirk Halle ist der Rückgang der Dohlenbestände erheblich. Für das Saale-Unstrut-Gebiet um Weißenfels und Naumburg weist Klebb (1984) einen Rückgang bis 1983 um mehr als die Hälfte nach. Die größten Kolonien sind Rudelsburg-Saaleck (30–50 BP), Goseck (20–30 BP) und der Naumburger Dom (15–20 BP).

Daß baumbrütende Dohlen nicht nur in Wäldern, Feldgehölzen und Parks vorkommen, ist im Stadtgebiet von Dessau nachweisbar. In neun 200jährigen Platanen, Rest eines ehemaligen Rondells von etwa 50 m Durchmesser, nisten Dohlen in den ausgefaulten Höhlen wie auch in anderen Baumgruppen dieser Stadt (Haenschke et al., 1985). Die Anzahl der Brutpaare am Rondell wurde im April 1986 von H. Hampe und Verfasser auf 18 BP geschätzt. Trotz erheblichem Verkehrslärm in dieser Hauptstraße mit Straßenbahnbetrieb gibt es keine Anzeichen für eine negative Bestandsentwicklung, wie sie in anderen Gegenden des Bezirkes deutlich wird. Brutdohlenvorkommen sind ausgestorben in Bad Frankenhausen (Sauerbier 1984) und im Kreis Bitterfeld (Schmidt 1987).

Spretke (1986) zählte 1981 für den Bezirk Halle 304 BP. Die Kolonie Heuckewalde wurde übersehen, so daß sich der Gesamtbestand für das Zähljahr auf 313 BP erhöht.

In Thüringen ist nach Lieder (in v. Knorre u. a. 1986) die Dohle als Brutvogel sehr lückenhaft verbreitet und fehlt in weiten Teilen des Thüringer Waldes vollständig. Brutplätze in Höhenlagen um 800 m ü. NN existieren kaum noch. Bestandseinbußen resultieren häufig aus anthropogenen Einflüssen: Abholzung von Höhlenbäumen, Beseitigung von Nistplätzen in Gebäuden und Vergitterung von Turmfenstern, aber auch durch Auflösung oder Ortswechsel ganzer Kolonien ohne erkennbaren Grund (Hildebrandt u. Semmler 1975). Über Rückgänge berichten auch Günther (1969) und Heyer (1973). Schmidt (1987) erfaßte nach avifaunistischen Übersichten die Bestandsentwicklung von 30 Gebieten Mitteleuropas, darunter sechs Gebiete Thüringens (Bez. Gera, Kr. Gera, Kr. Greiz, Eichsfeld, Kr. Weimar, Bez. Suhl), die allesamt Bestandsabnahme aufweisen.

Hinsichtlich der Gesamtzahl der Brutvorkommen in Thüringen sind die Angaben der Tabelle 5 aufschlußreich. Die größten Kolonien werden von Gebäudebrütern gebildet: Autobahnbrücke Jena-Göschwitz mit etwa 50 BP und in Erfurt mit 20–100 BP. Der Gesamtbestand für Thüringen wird auf 500–800 BP geschätzt.

Für Sachsen fehlt gegenwärtig ein umfassender Überblick zur Bestandssituation, weil die Bearbeitung der Avifauna noch nicht abgeschlossen ist. Die Schrumpfung der Brutdohlenbestände ist jedoch bereits deutlich erkennbar. Größler (1984) bezeichnet den Bestand des Bezirkes Leipzig als rückläufig. Nach Weisbach (Mskr.) ist zwar der gesamte Süden des Bezirkes besetzt, jedoch ermittelte Höser (1982) im Altenburger Land nur eine geringe Siedlungsdichte von 3,2 BP/100 km^2. Auf 500 km^2 wurden 16 BP

Tabelle 5. Gesamtzahl der Brutvorkommen der Dohle in Thüringen (1966–1986). Nach Lieder (in v. Knorre u. a. 1986)

Region	BP auf Gebäuden					Baumbrüter		ehemalige Brutvorkommen	
	0–3	4–10	11–20	über 20	vermutet	1–15	vermutet	Gebäude	Baumbruten
Ostthüringen	17	5	3	2	–	5	2	10	7
Südthüringen	5	9	4	0	–	3	2	2	1
Thür. Becken mit den Randplatten	15	2	1	4	8	4	4	5	1

gezählt, davon 12 BP in Industriebetrieben. Auch Köcher u. Kopsch (1983) vermerken den Rückgang der Siedlungsdichte. In den Kreisen Grimma, Oschatz und Wurzen ist nur noch ein Restbestand von 35–45 BP vorhanden.

In Leipzig-Stötteritz wird der Trend zum Einzelbrüten deutlich. Bis zu 11 Einzel-BP (1977) wurden in Gebäuden gefunden, die nicht als Rest vernichteter Brutgemeinschaften anzusehen sind (Dr. Synnatzschke briefl.).

Im Bezirk Dresden ist nach Thieme (Mskr.) die Dohle in allen Kreisen Brutvogel mit Konzentration in den Kreisen Löbau und Bautzen, in der Stadt Dresden sowie im Industriegebiet Heidenau – Pirna (50–100 BP). Dresden besitzt auf einigen Gebäuden stabile Kolonien von 4 bis 12 BP, während Vorkommen in der weiteren Umgebung (Albrechtsburg Meißen, Autobahnbrücke Siebenlehn) wahrscheinlich erloschen sind. In Kamenz wurde der Bestand durch Verschließen der Eingangslöcher stark reduziert, was Melde (Mskr.) auch in der Oberlausitz feststellte, wo der Bestand in den letzten 20 Jahren um mindestens 50 % abnahm.

Auch der Bezirk Karl-Marx-Stadt zeigt negative Tendenz. Der Donatsturm in Freiberg, 1958 mit etwa 200 BP die größte Dohlenkolonie der DDR, 1975 nur noch mit 3–4 BP besetzt, ist heute wohl erloschen (Saemann briefl.). Die Dohlen besetzten hier nicht nur die Luken und Mauerlöcher, sondern auch die Zwischenböden des Turmes waren völlig mit Nestern bedeckt (Liebscher briefl.).

Auch im Stadtgebiet von Karl-Marx-Stadt hat sich ein starker Bestandsrückgang abgespielt. Nach Saemann (1970) waren hier 1968 mindestens 250 BP vorhanden; 1975 noch max. 150 BP, 1987 etwa 50–70 BP (Saemann briefl.).

Einer der Gründe für die allgemeine Bestandsabnahme könnte der Rückgang der Höhenverbreitung sein, nach Heyder (1952) noch in 810 m ü. NN in Satzung (bei Marienberg) vorkommend, heute erloschen wie auch die Vorkommen in Buchenwäldern, zuletzt 1971 bei Seiffen in 710 m ü. NN. Auch die Vorkommen oberhalb 600–650 m ü. NN sind inzwischen nicht mehr sicher belegbar.

Die Verringerung der Koloniegröße in den Städten, heute zunehmend Einzelbrüter, wirkt sich ebenfalls negativ auf die Siedlungsdichte aus. Die Nistplatzkonkurrenz durch Straßentauben scheint hier entscheidend mitzuwirken (Saemann briefl.). Es werden allerdings auch solche Brutplätze in Städten wie auf dem Lande aufgegeben, an denen die Straßentaube nicht beteiligt ist (!).

Für den Bezirk Karl-Marx-Stadt nennt Saemann (briefl.) einen Dohlenbestand von 350 ± 150 BP. Zusammen mit den geschätzten Bestandszahlen für die Bezirke Leipzig und Dresden kann für Sachsen ein Gesamtbestand von etwa 1 050 BP angenommen werden.

9.2. Siedlungsdichte in europäischen Ländern

Großbritannien

Nach Sharrock (1976) sind ganz Irland und England besiedelt. In Schottland ist nur die SO-Hälfte und die Küste dicht besiedelt (Grampian). An der NW-Küste (North West Highlands) ist die Siedlungsdichte nur gering, und die Hebriden (Western Isle), Orkney und Shetland sind nicht besetzt. Die Dohlenpopulation wird mit 500 000 BP angegeben, so daß sich im Durchschnitt für Großbritannien die enorm hohe Siedlungsdichte von 159 BP/100 km² ergibt.

Frankreich

Nach Yeatman (1976) ist die Besiedlung lückenhaft. Nicht besiedelt ist ein großes Gebiet im SW, dessen Grenzlinie von der Atlantikküste etwa auf dem 46. Breitengrad bis in die Marche, dann südwärts etwa entlang der Linie Périgueux – Montauban – St. Gaudens bis an die Pyrenäen verläuft. Auch in NW-Frankreich oberhalb des 48. Breitengrades sind inselartig Gebiete unbesiedelt geblieben, ebenso im Südosten von der Mittelmeerküste (Côte d'Azur) nordwärts mehrere kleine Inseln bis etwa zum 49. Breitengrad. Die Leerräume machen schätzungsweise 20–25 % der Gesamtfläche des Landes aus. Für die übrigen, besiedelten Gebiete beziffert Yeatman die Rastereinheiten der Kartierung zu 81 % mit sicheren Brutplätzen (Nidification certains), weitere 9 % sind wahrscheinlich (N. probable). Bestandszahlen der BP werden nicht genannt.

Schweiz

In der Schweiz ist nach Riggenbach (in Schifferli, Gèrondet u. Winkler 1980) fast der ganze Nordwesten besiedelt. Die Verbreitung erstreckt sich im Tiefland im Rhône- und Rheintal von Genf zum Bodensee und erreicht in N und NW die Landesgrenze. 1972–1978 wurden 200 Kolonien gezählt mit insgesamt 1 530 BP, davon 23 % in Fels, 29 % in Bäumen und 48 % in Gebäuden. Seit 1951 werden die Kolonien zahlreicher, dafür aber kleiner. Die von 1972–1978 bedeutendsten Kolonien sind mit 100 BP bei Riom/Parsonz GR (1961: 25–30 BP) und mit 39 BP in Reichenburg SZ (1951 noch unbekannt). Der Zerfall großer Kolonien findet auch in der Schweiz statt. Die größte Kolonie bei La Sarraz (15 km nördl. von Lausanne) hatte 1951 etwa 100 BP, heute nur noch 10 BP. Es lösen sich auch Felskolonien ohne ersichtlichen Grund auf. Die von Riggenbach angegebenen 1 530 BP entsprechen einer Siedlungsdichte von nur 3,70 BP/km².

Niederlande

Nach Teixeira (1979) ist fast das gesamte Territorium mehr oder weniger dicht besiedelt, auch die fünf größten Watteninseln. Von 1446 besetzten Rastereinheiten wurde die Dohle auf 1 296 (90 %) als sicherer Brutvogel nachgewiesen und auf weiteren

122 (8 %) als wahrscheinlicher Brutvogel eingestuft. Die Dohle kommt hier auch in baumlosen Gebieten vor und zeigt ihre große nistökologische Anpassungsfähigkeit durch das Nisten in Schornsteinen, Kaninchenbauen und Entenbrutkörben, in Nord-Brabant in und unter Verkehrsbrücken. Auf Texel nisten „diverse" Paare zwischen den Basaltblöcken der Uferbefestigung.

Nach Vogelwerkgroep Avifauna West-Nederland (1981) werden in Den Haag, Leiden und Haarlem Siedlungsdichten von 10–25 BP/km^2 erreicht, in einigen anderen Orten 10–35 BP/km^2, und in Zoetermeer erreicht sie sogar 27–40 BP/km^2.

Teixeira (1979) beziffert die geschätzte Anzahl der Brutpaare für die Niederlande mit 50 000 bis 100 000, was im Mittelwert der enorm hohen Siedlungsdichte von 183,6 BP/100 km^2 entspricht. Nach Sovon (1987) soll die Anzahl der Brutpaare sogar 60 000 bis 120 000 betragen. Damit besitzen die Niederlande die höchste Siedlungsdichte für Brutdohlen in ganz Mitteleuropa. Die Anzahl der überwinternden Dohlen wird mit mindestens einer halben Million angegeben. Nach Teixeira (1979) zieht ein Teil der niederländischen Brutdohlen im Herbst nach Belgien, NW-Frankreich und England. Im Winter erfolgt eine Auffüllung durch Zuzug aus Nord- und Osteuropa.

In der Provinz Drenthe wurde nach Van Dijk u. Van Os (1982) im 10jährigen Mittel (1970–1980) der höchste Anteil von Halsbanddohlen *(C. m. soemmeringii)* mit 256 Ex. im Dezember registriert (Oktober 31 Ex., Januar 206 Ex., Februar 175 Ex., März 175 Ex.). Nach dieser Untersuchung setzt also der Zuzug fast schlagartig ein, der Abzug jedoch nur zögernd.

BRD

In der BRD sind nach Rheinwald (1982) Besiedlungslücken im Bereich der Mittelgebirge, des Schwarzwaldes, in Franken und im Voralpen- und Alpenbereich vorhanden. 1975 waren 113 von 119, im Jahre 1980 waren 111 von 125 Rastern zu je 2 500 km^2 besetzt. Nach Mildenberger (1984) bestehen größere Verbreitungslücken in den stark bewaldeten Hochlagen von Eifel, Hunsrück, Westerwald und dem Bergischen Land.

Nach Bestandsschätzungen der OAG (Ornithologische Arbeitsgemeinschaft) Bonn bzw. OAG Bodensee wurden die Dohlenbestände in der BRD auf 94 000 bzw. 85 000 BP geschätzt. Auf das gesamte Territorium der BRD bezogen, ergibt sich für 90 000 BP eine durchschnittliche Siedlungsdichte von 36,26 BP/100 km^2.

Berlin-West

In der avifaunistischen Erfassung von Brandenburg ist Berlin-West zwar pauschal enthalten, doch kann ein Zähl- oder Schätzergebnis für ein relativ kleines Gebiet recht aufschlußreich sein. Der Dohlenbestand wird mit 80 bis 100 Revieren angegeben (Orn. Arb.-Gruppe Berlin (West) 1984), was etwa mit Brutpaaren gleichzusetzen ist und einer Siedlungsdichte von 18,75 BP/100 km^2 entspricht. Die Population weist zum Teil starke Rückgänge auf und ist inselartig über die bebaute Stadt aufgesplittert. Nur für Zehlendorf, in der dem Grunewald im Südosten vorgelagerten Villenzone ist noch eine großflächig geschlossene Population vorhanden, die für 1974 mit etwa 32 BP offenbar konstant geblieben ist. Dagegen ist an der Zitadelle Spandau der Bestand zusammengebrochen (1973: 30 BP, 1976: vielleicht 1–2 BP). Im 30 ha großen Zoo sind mit 10 BP noch Baumbrüter vertreten, aber die gesamte Waldzone der Stadt ist nicht mehr besiedelt.

Dänemark
Die stärkste Besiedlung ist nach Dybbro (1976) im mittleren Teil des Landes zu finden. Die Siedlungsdichte ist am geringsten im nördlichsten Teil (Nordjylland) sowie inselartig auf Fyn und im Süden der Insel Vestsjaelland. Die Zahl der sicher nachgewiesenen Brutplätze wird mit 1 047 angegeben, was nur 2,43 Brutplätzen/100 km^2 entspricht. Es wird sich somit wahrscheinlich in vielen Fällen um Kolonien handeln.

ČSSR
Die Dohlenpopulationen der ČSSR brüten nach Hudec (1983) stellenweise zahlreich, aber in letzter Zeit ist eine starke Abnahme der Siedlungsdichte festzustellen. Es werden nicht nur die Zentren der Städte verlassen, sondern es verwaisen auch große Waldkolonien. Das Fehlen konkreter Angaben zum Bestand und das Fehlen einer Verbreitungskarte lassen gegenwärtig keine genauere Einschätzung zu.

Estnische SSR
Nach Auskünften von Dr. Veromann (briefl. 1986) besitzt Estland einen sehr guten Dohlenbestand. Die Dohle tritt hier häufig als Gebäude- und Baumhöhlenbrüter auf. Oft nistet sie in Schwarzspechthöhlen in Feldgehölzen und an Waldrändern. Die Kolonien der Gebäudebrüter bestehen meist nur aus 10–20 BP, selten sind es mehr. Die Ruine der alten Domkirche in Tartu beherbergt etwa 60 BP. Sie ist von einem Park mit vielen Laubbäumen umgeben, wo weitere Dohlenpaare in den zahlreichen Baumhöhlen nisten. Von einem Bestandsrückgang kann keine Rede sein. Der Dohlenbestand wird als stabil bezeichnet und ist vielleicht noch im Anwachsen begriffen. Für Estland wird ein Bestand von 30 000 BP geschätzt, was einer Siedlungsdichte von 66,5 BP/ 100 km^2 entspricht.

Lettische SSR
Nach Janaus (in Viksne 1983) war die Siedlungsdichte in Lettland nach dem 1. Weltkrieg angestiegen, reduzierte sich aber zwischen 1950 und 1968 auf 25 %. In den letzten Jahrzehnten wurden keine weiteren Bestandsschwankungen festgestellt. Der größte Teil nistet in Städten und Siedlungen, es werden aber auch Alleen und Parks sowie an die Agrarlandschaft grenzende Waldränder besiedelt. Bestandszahlen werden nicht genannt.

Litauische SSR
Die Bestandssituation scheint gegenüber Lettland günstiger zu sein und wahrscheinlich die von Estland erreichen, denn nach Ivanauskas (1964) ist in Litauen die Dohle einer der häufigsten Vögel in allen Städten und Dörfern als Brutvogel zur Nistzeit wie auch zur Zugzeit, wenn die Populationen aus dem Norden und Osten hier massenhaft durchziehen.

Finnland
Nach Hyytiä, Kellomäki u. Koistinen (1983) kommt in der Kartierung das Vorkommen auf 744 Rastereinheiten in Frage. Auf 396 (53 %) wurden Brutplätze nachge-

wiesen, auf weiteren 84 (11 %) sind Bruten wahrscheinlich, und auf weiteren 264 Rastereinheiten (36 %) sind Dohlenbruten noch möglich. Die Hauptmasse der Population konzentriert sich auf den Südteil des Landes, von der Südküste bis etwa 300 km nordwärts. Es ist auch Åland besiedelt sowie kleinere Inseln in Küstennähe (Storlandet und andere im Berghamnsfjärd). Die Brutvogelpopulation beträgt etwa 8 000 BP, was für dieses Land eine Siedlungsdichte von nur 2,37 BP/100 km^2 ergibt.

Grenzgebiet Polen – RSFSR, in und um das Kaliningrader Gebiet
Die heute in vielen Landschaften Mitteleuropas zum Teil ohne erkennbaren Grund auftretenden Bestandsschwankungen mit inselartig fehlender Besiedlung durch Dohlen stellte bereits Tischler (1941) für das damalige Ostpreußen fest. Die meisten Dohlenbruten wurden auf Kirchen gefunden, aber auch für Baumbruten wird eine große Verbreitung angegeben, vereinzelt in Saatkrähenkolonien und sehr oft in Schornsteinen nistend. Die von Tischler aufgeführten 25 Kreise bzw. Städte und Orte zeigen teils fehlende, teils rückläufige, stellenweise aber auch hohe Dohlenbestände, z. B. in Elbląg (ehemals Elbing) fehlend, in Prawdinsk (Preußisch-Eylau) häufig, in Snamensk (Kreis Wehlau) neuerdings etwas weniger häufig, bei Wegorzewo (Steinort/Kr. Angerburg) früher im Park in alten Eichen, jetzt dort verschwunden, in Kybertai (Trakehnen) in großer Zahl in alten hohen Eichen brütend, im Kreis Bartoszyce (Bartenstein) im Jahre 1938: 50 bis 60 Dohlenpaare in alten Linden.
    Nach Kulczycki (1973) ist die Dohle als Brutvogel in Polen verbreitet. Als Baumhöhlenbrüter erreicht sie in der quantitativen Besetzung von Niststätten ihr Optimum in Höhen von 9 bis 10 m, als Gebäudebrüter bei 25 m und als Felsbrüter ebenfalls bei 25 m Höhe.

UdSSR
Der Bericht von Tugarinow u. Buturlin (1925) zeigt, daß die Dohle *(Corvus m. soemmeringii)* in ihrem bis Sibirien reichenden Areal sich kaum in der allgemeinen Siedlungsdichte von den mitteleuropäischen Populationen unterscheidet. Die Dohle ist auch im südlichen Teil des Jenisseitales, also etwa 85° östl. L., ein häufiger bis zahlreicher Brutvogel. Aber diese Populationen weichen in ihrer Lebensweise von ihren weiter westlich lebenden wie auch von ihren mitteleuropäischen Artgenossen ab. Während z. B. die Dohle an der Wolga die Siedlungen und Dörfer bewohnt und auch in großen Städten lebt, ist in den Städten am Jenissei keine Dohle anzutreffen. Die Urbanisierung ist hier nicht in Gang gekommen. Diese Dohlen sind offenbar nicht an die Siedlungen der Menschen gebunden, denn sie nisten hauptsächlich in den Felsen am Jenissei.

Jugoslawien
Grimm (1962) sah fliegende Dohlen zwischen den modernen Hochhäusern von Titograd wie auch am alten Kloster an der Morača sowie einen riesigen Schwarm über dem Flughafen von Zagreb (2. Junihälfte 1961). Als echte Felsenvögel treten Dohlen zwischen den steilen Wänden des cañonartigen Tales der Morača in ihrem Oberlauf auf.
    In Makedonien fand Makatsch (1950) die Halsbanddohle *(Corvus m. soemmeringii)* als einen der häufigsten Vögel. Es gibt fast keine Ortschaft, wo sie nicht in Mengen anzutreffen ist. Sie nistet auf Dachböden, offenbar auch als Einzelbrüter. Makatsch

fand diese Dohlen Mitte April 1944 in Skopje und in der Umgebung der Stadt unglaublich häufig. Sie nisten auch an steilen Felswänden an der entlang dem Fluß Vardar nach Süden führenden Straße sowie an Kalkwänden, z. B. in einer Kalkwand bei Valandovo. Wie in manchen Gebieten anderer Länder ist die Dohle auch in Makedonien ungleichmäßig verbreitet, In manchem Auwaldgebiet fehlt sie völlig, dagegen kommt sie im Auengelände westlich des Sees Langada massenhaft vor. In einer steilen Uferwand bei Sedes brüten Dohlen gemeinsam mit Bienenfressern und Steinsperlingen.

Italien

Berichte aus verschiedenen Regionen Italiens können uns einen Eindruck von der Bestandssituation vermitteln. Steinbacher (1952) sah auf Sardegna (Sardinien) nur zwei Dohlenkolonien von jeweils 15 bis 20 Brutpaaren, und zwar in Oristano und Sorgono, wo sie Türme bewohnten. Die Dohlen gehören zu *C. m. spermologus* und gelten hier als ausgesprochen selten. Sechs Jahre später bereiste Steinbacher (1960) wieder Sardegna und fand Dohlen mit Rötelfalken und Kolkraben vergesellschaftet an den Steilhängen im Mascari-Tal bei Sassari. 20 bis 30 Vögel liefen auf frisch gepflügtem Acker zusammen mit Silbermöwen umher. Weitere Vorkommen der Dohle stellte Steinbacher zwischen Alghero und Bosa im Bergland, ebenfalls in etwa 600 m ü. NN, fest. Es handelte sich um einige Dohlen, die hier wahrscheinlich brüteten (25. Mai). Insgesamt also eine dünne Besiedlung mit sehr geringem Populationsdruck, so daß eine Ausbreitung nach Corse-du-Sud (Korsika) nicht zu erwarten ist.

Mebs (1957) berichtet, daß auf Sizilien die Dohle überall an größeren Felsen in Brutkolonien nistet und an der Rocca Busambra stellenweise zu Hunderten vorhanden ist.

Spanien

Nach Voous (1962) ist in Spanien die Dohle zahlenmäßig in Zunahme begriffen, was auf die voranschreitende Verstädterung zurückgeführt wird.

Rumänien

In Transsilvanien (Siebenbürgen) ist die Dohle nach Salmen (1982) noch immer ein häufiger Brutvogel, aber in den letzten 60 Jahren im Bestand zurückgegangen. Die Siedlungsdichte ist sehr unterschiedlich. Im Miereschtal und Alttal ist sie besonders häufig, siedelt auch in den Nebentälern, meidet aber das Hochgebirge. In den Flußtälern von Tirnava Mare und Tirnava Micǎ (Kokeltäler) ist sie gemein, im Flußtal der Stremt dagegen weniger häufig. Bei Brasov (Kronstadt) ist sie selten. Rücksichtsloses Abholzen von 400- bis 500jährigen Eichen hat vielen Baumbrütern die Nistplätze entzogen, so daß die Brutdohlen mehr in Dörfer und Städte gezogen sind, sich aber auch in zerklüftete Kalkfelsenpartien zurückgezogen haben. Der Nestbau beginnt hier bereits Ende Februar.

Stellenweise (Alttal) werden die Dohlen als schädlich angesehen, weil sie in Vergesellschaftung mit Nebel- und Saatkrähen in Maisfelder einfallen und sehr große Schäden verursachen, indem die Hüllen der Maiskolben aufgehackt werden.

Nach Salmen sollen Siebenbürgens Dohlen bevorstehende Wetterveränderungen anzeigen, wie es Nagy (1908) auch für Saatkrähen beschreibt. Die Dohlen umfliegen unruhig und schreiend die Türme, kreisen dann in großer Höhe und zeigen durch ihr verändertes Verhalten den bevorstehenden Wettersturz an.

Ungarn

Nach Farkas (1967) ist in Ungarn die Dohle in allen Faunendistrikten als Brutvogel vertreten, was in bezug auf die Corviden nur noch auf Elster und Eichelhäher zutrifft. In Westungarn (Noricum) fehlt die Saatkrähe, in der Ungarischen Ebene (Pannonicum) fehlt die Rabenkrähe ebenso wie im Satorgebirge (Carpaticum). Der Kolkrabe fehlt dagegen im Ungarischen Mittelgebirge (Matricum).

In fossilen Höhlenfunden war auch die Dohle enthalten, woraus sich Rückschlüsse auf die Besiedlung ergeben. Nach Kretzói (1952) wurde *C. monedula* in der Csákvárer-Höhle (Kom. Fejér) zusammen mit fünf weiteren Arten gefunden, die in das untere Würm III einzuordnen sind. Im Bükk-Gebirge unweit von Istállóskó in einer Höhe von 856 m ü.NN wurde die Dohle in der Peskö-Höhle gefunden, zusammen mit elf anderen Arten, die in den mittleren Abschnitt des Stadials eingeordnet werden (Lambrecht 1912).

9.2. Ansiedlungsversuche durch Menschen

Für die Ansiedlung von Hohltauben in Waldrevieren mit Buchenaltholz werden von Möckel u. Wolle (1982) Nistkästen mit der Grundfläche 25 × 26 cm empfohlen, die auch der Ansiedlung von Dohlen dienen sollen. Es wurden Hohltaubenbruten in 576 Schwarzspechthöhlen und 103 Nistkästen ausgewertet und in beiden Fällen ein Bruterfolg von etwa 52% ermittelt, jedoch wurde eine Dohlenansiedlung nicht erreicht. Diese scheint auch nur dort Aussicht auf Erfolg zu haben, wo bereits Dohlen nisten, was für das Untersuchungsgebiet von Möckel u. Wolle nicht zutrifft.

Nistkästen werden mit Erfolg auch für Gebäudebrüter verwendet. In vielen Fällen ist die Erhöhung der Brutbestandsdichte nur auf diese Weise möglich, da meist die Anzahl von Nischen und geeigneten Lücken im alten Mauerwerk beschränkt ist. Zimmermann (1951) setzte am Großmünster in Zürich Nistkästen (in einer Bauwerkhöhe von 25 bis 50 m) an die nach außen führenden Hohlräume. Diese für Schleiereulen und Fledermäuse bestimmten Kästen wurden dann von Dohlen besiedelt. Leider gibt Zimmermann keine Maße an. Die Einhaltung bestimmter Maße für Dohlenkästen ist allerdings auch nicht so wichtig, wenn der Nistraum eine gewisse Mindestgröße besitzt bzw. diese erheblich überschritten wird. Größere Nistkästen bieten den Dohlen mehr Anreiz zum Eintragen von Nistmaterial und dadurch wahrscheinlich mehr Bindung an den Nistplatz, weshalb nicht Innenmaße von Schwarzspechthöhlen zugrunde zu legen sind. Solche betragen nach Rudat et al. (1979) in Rotbuchen des mittleren Saaletales im Mittel von 21 Höhlen:

Höhlentiefe cm	Innendurchmesser cm
33,0	20,1
(27–39)	(15–28).

Auf eine quadratische Grundfläche bezogen, würden im Mittelmaß die Seitenlängen nur 17,8 cm betragen. Der Schwarzspecht ist mit 45 cm Länge (Makatsch 1977) zwar größer als die Dohle, aber er trägt kein Nistmaterial ein.

Zur weiteren Ansiedlung von Brutdohlen in der Autobahnbrücke Jena-Göschwitz

Abb. 52. Nistkasten für Dohlen, Schrägan-
sicht (Maße in cm). Orig.

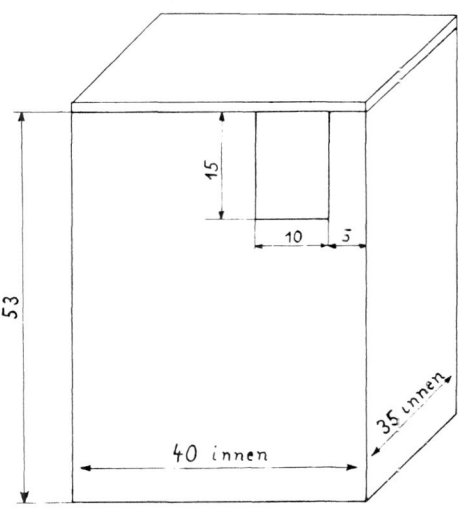

wurden nach R u d a t (1974) im Februar 1973 52 Holzkisten verschiedener Größen von
innen an die schmalen, schießschartenähnlichen Maueröffnungen gehängt. Die Höhe
dieser Kisten variiert zwischen 60 und 100 cm, die Bodenflächen liegen zwischen
30 × 40 cm und 50 × 60 cm. 1986 wurden von der FG Ornithologie Jena hier als Ersatz
für zerstörte Kästen nochmals 15 Holznistkästen aufgehängt, in die bereits am folgenden Tag (6. April) Nistmaterial eingetragen wurde. Die Kastenmaße sind der Zeichnung zu entnehmen. Allerdings ziehen hier in die Kästen auch Turmfalken ein, doch
bleibt das Ergebnis für die Dohlen mit 47 BP für 1986 sehr beachtlich im Vergleich zu
1973 mit 23 BP (R u d a t 1974). In einer der übergroßen Kisten nisteten Turmfalken,
und ein Dohlenpaar nistete auf dem Deckel dieser Kiste mit Erfolg (Dr. Z a u m s e i l
mündl.). Nistkästen in 15 m Bauwerkhöhe wurden von den Dohlen lieber angenommen als solche in nur 9 m Höhe in der unteren Etage der Autobahnbrücke.
    In Heuckewalde bewährten sich gewöhnliche Obstkisten gut, jedoch mußten solche
Lattenkisten mit alten Säcken u. ä. zum Schutz vor Zugluft und rückwärtigen Lichteinfall zugedeckt werden. Dohlen lieben das Halbdunkel. Eine noch weitergehende Redu-
zierung des Lichteinfalls ist nur von Nutzen (M a k a t s c h u. D w e n g e r 1975).
    Eine weitere wirksame Maßnahme zur Besetzung neuer Brutplätze in altem Außen-
gemäuer ist das Verengen zu großer Einfluglöcher bis auf etwa reichlich Faustgröße
(etwa 10 × 12 cm). Einige passend eingesetzte Steine können schon zum Erfolg führen. Noch sicherer ist das regelrechte Einmauern von Steinen zwecks besserer Abdichtung gegen Zugluft sowie gegen übermäßigen Lichteinfall. Gleichzeitig wird damit
dem Schutzbedürfnis der Dohlen gegenüber Feinden Rechnung getragen, wie es in
ähnlicher Weise vom Kleiber bekannt ist.
    K a a t z (1984) unternimmt Ansiedlungsversuche mit Dohlen, die als Nestjunge be-
reits im Alter von 14 bis 18 Tagen einer stabilen Dohlenkolonie in Zerbst entnommen
und von Hand aufgezogen wurden. Die Entnahme zu diesem frühen Zeitpunkt er-

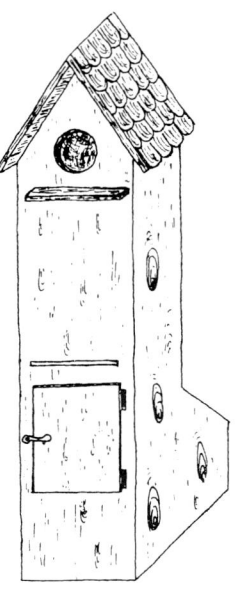

Abb. 53. Kaminartige Dohlennisthöhle zum Einbau in Satteldächer. Zur Erleichterung des senkrechten Kletterns im Eingangsschacht sind an die rohen Innenseiten der Bretter Leisten genagelt. Der nach unten erweiterte Brutraum ist für Kontrollen durch eine kleine Tür zugänglich. Gesamte Bauhöhe 123 cm, wovon nach dem Einbau 70 bis 80 cm aus dem Dach herausragen. Nach Kaatz 1984, 1986

folgte, um eine längere Prägephase zu erreichen für die Dohlentürmchen (kaminartige Nisthöhlen) als spätere Niststätten (Dr. Kaatz briefl.).

Die Fortführung der Ansiedlungsversuche ist mit erheblichem Bauaufwand verbunden, denn Kaatz (1986) ließ das Satteldach seines Hauses in Loburg mit einer 5 m langen Voliere aufstocken, die auch der Haltung von Schleiereulen dient. Die 1,25 m hohe Voliere ist in drei ungleich große Abteile unterteilt, und in den Zwischenwänden

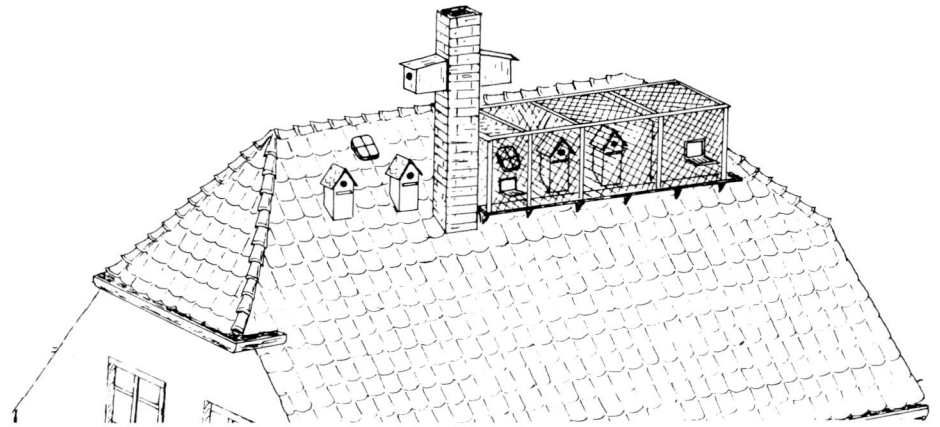

Abb. 54. Dohlentürmchen und Volierenanlage für Dohlen (und Schleiereulen) auf dem Dach des Hauses von Dr. Kaatz in Loburg. Nach einem Foto von Dr. Kaatz

sind Türen vorhanden. In etwa 9 m Höhe ragen aus dem Dach etwa 75 cm hoch die vier Dohlentürmchen heraus, deren Buträume am erweiterten unteren Ende vom Bodenraum aus kontrolliert werden können. Durch Schieber im Schacht ist eine Absperrung möglich, und die Brutvögel können zur Kontrolle gefangen werden (mit welchem Risiko? Verf.). Die Gestaltung der Eingangsschächte als Kaminattrappen ist nicht etwa als architektonischer Effekt anzusehen, sondern kann durchaus im Sinne von Sunkel (1928) einen optischen Anreiz zur Besetzung dieser Nistplätze bieten.

Diese recht aufwendige und wahrscheinlich kostspielige Einrichtung für diese Ansiedlungsversuche (kombinierte Gefangenhaltung mit Freiflug) erinnert an die Dohlenhaltung von Lorenz (1931. 1971), die hauptsächlich etholog ischen Forschungen diente.

10. Zur Brutbiologie

Nach Naumann (1905) waren im vorigen Jahrhundert keine Einzelbruten bekannt, nur Koloniebruten. Niethammer (1937) betont, daß im märkischen Kiefernwald und in Sachsen leerstehende Schwarzspechthöhlen derart bevorzugt werden, daß die Dohle auf ihren Hang zu geselligem Brüten verzichtet. Es sind jedoch auch viele Einzelbrüter in Gebäuden bekannt geworden, andererseits bilden Dohlen auch in Baumbeständen stabile Kolonien. Die Feststellung von Makatsch (1956) scheint nicht erwiesen zu sein, daß Dohlen deshalb zum Einzelbrüten übergehen, weil in den Ruinen nicht genügend Platz für mehrere Brutpaare vorhanden ist.

Daß Dohlen vom Baumhöhlen- zum Gebäudebrüten überwechseln, stellte Peus (1952) in Berlin im Charlottenburger Schloßpark fest. Durch den Bombenkrieg waren die alten Bäume vernichtet, und die Dohlen siedelten in die entstandenen Ruinen des Schloß-Komplexes über. Man gewinnt den Eindruck, daß es bei den Dohlen keine ausgeprägten nistökologischen Varietäten Gebäudebrüter/Baumhöhlenbrüter gibt, wie sie von Brehm als *turrium* (Turmbrüter) und *arborea* (Baumbrüter) benannt und von Kleinschmidt (1935) unter Vorbehalt für möglich gehalten werden.

10.1. Eintritt der Fortpflanzungsfähigkeit

Nach Niethammer (1937) und Lorenz (1931, 1971) sind Dohlen erst mit zwei Jahren fortpflanzungsfähig. Naumann (1905), Makatsch (1956, 1976) und Witherby et al. (1949) behandeln diese wichtige Frage nicht. Dabei hat es bereits Kleinschmidt (1935) unter Bezugnahme auf Untersuchungen von Stieve (1919) als Irrtum bezeichnet, die Dohle wäre erst im Alter von zwei Jahren brutfähig. Nach Kleinschmidt (1935) ist dies „... mindestens nicht immer zutreffend".

Auf Anregung von Niethammer stellte Zimmermann (1951) bei seinen Untersuchungen durch Beringung in Zürich fest, daß sogar beide Geschlechter als einjährige Vögel brutfähig sein können. In der Versuchsanlage von Kaatz (briefl. Mitt. 1985) erfolgte die Eiablage eines einjährigen Weibchens; die Aufzucht der vier geschlüpften Jungen mißlang allerdings. K. Schmidt (Barchfeld) berichtete (im Vortrag am 30. 1. 1986 in Jena) über die (ausgeraubte) Brut eines einjährigen Dohlenweibchens.

Es gilt somit als erwiesen, daß in Ausnahmefällen die Fortpflanzungsfähigkeit in dem auf das Geburtsjahr folgenden Frühling einsetzt, also im Alter von etwa 11 Monaten. Für die große Mehrheit tritt die Fortpflanzungsfähigkeit im Alter von 2 Jahren ein. Die von Zimmermann (in Glutz v. Blotzheim 1964) gestellte Frage, ob die Reproduktionskraft der schon einjährig brütenden Dohlen deutlich geringer ist als diejenige der mehrjährigen, kann nach den bisherigen Erkenntnissen zugunsten der mehrjährigen Dohlen beantwortet werden.

10.2. Ankunft im Brutgebiet

Der größte Teil unserer einheimischen Dohlen sind Standvögel, die in normalen Wintern im Brutgebiet verbleiben oder zumindest nicht weit verstreichen. So treffen sie fast regelmäßig schon im Februar an ihren Brutplätzen ein – im Gegensatz zu osteuropäischen Brutvögeln. Diese legen weite Wege zurück und befinden sich zuweilen noch im April auf dem Heimzug. Mildenberger (1984) nennt für die Standvögel des Rheinlandes ebenfalls Februar/ Anfang März für die Ankunft an den Brutplätzen. Als frühesten Ankunftstermin notierte ich für Heuckewalde den 9. Februar 1975, allerdings bei sonnigem Vorfrühlingswetter. Nach Lieder (in v. Knorre u. a. 1986) ist für Thüringen die Rückkehr an die Brutplätze sogar im Januar nachgewiesen.

Einen maßgeblichen Einfluß auf die frühere oder spätere Ankunft der Brutvögel übt das Wetter aus, d. h. durch warmes, sonniges Wetter kann die Ankunft früher als normal erfolgen. Mit den Brutvögeln treffen auch die Nichtbrüter im Brutgebiet ein. Zuweilen findet eine reguläre Ankunft nicht statt, denn Dohlen können den ganzen Winter hindurch am Brutplatz anwesend sein. Für die Schweiz (bei Oensingen) wird eine solche Überwinterung von Riggenbach (1951) berichtet.

Auch eine Blutauffrischung findet statt. Nach Busse (1969) hatten sich 14% der beringten Dohlen (57 Wiederfunde) in ihrer ersten Brutperiode weiter als 10 km vom Geburtsort entfernt. Für die späteren Brutperioden stieg dieser Anteil auf 23% (216 Wiederfunde).

Lorenz (1951) vermutet, daß die Jungdohlen im Folgejahr nicht an den Geburtsort zurückkehren und erst bei den nächsten winterlichen Schwarmbildungen in den Kolonieverband aufgenommen werden. Die Rückkehr vorjähriger Dohlen ist tatsächlich nur in wenigen Fällen durch Beringung nachgewiesen.

10.3. Ansprüche an den Brutplatz

Nach Heinroth (1966) sind Dohlen Höhlenbrüter. Höhlenartige Löcher, auch überdachte Nischen in alten Gebäuden mit erheblicher Bauhöhe, von brüchigem und lückenhaftem Außengemäuer umgeben, die Hohlräume mit Schutt und Mörtel oder auch mit pflanzlichen Stoffen angefüllt, solche Plätze sind in nistökologischer Beziehung zunächst geeignet. Die Eignung wird vom Brutvogel über den visuellen Eindruck empfunden, wie es Sunkel (1928) darlegt. Die tatsächliche Eignung kann vom Vogel nicht erfaßt werden, denn seiner Instinktleistung steht die Triebhandlung gegenüber. Ein als Brutplatz gewählter Regenspeier wird z. B. auch dann noch mit Nistmaterial ausgefüllt, wenn durch Regengüsse das Ausschwemmen angekündigt wird.

Am Brutplatz ertragen Dohlen nur ein beschränktes Maß an Zugluft. Auch die Lichtverhältnisse spielen eine große Rolle. Höhlen und Nischen im Mauerwerk schirmen das Tageslicht ab. Es tritt also eine allmähliche Verdunkelung in Richtung Brutplatz statt. Wird es hier wieder heller, so ist der Brutplatz nicht geeignet.

Auch Störungen am Brutplatz durch Mensch und Tier können sich nachteilig auswirken, durch Menschen bei oftmaliger Wiederholung oder ungeschicktes Belauschen über Stunden oder auch bei nächtlichen Fangversuchen. Das Auftauchen einer streunenden Katze kann zur sofortigen Aufgabe des Brutplatzes führen, auch wenn noch keine Jungen im Nest sind. Wurden die Jungen durch eine Katze geraubt, kann der Brutplatz jahrelang verwaist bleiben. Erfolgt an bisher besiedelten Gebäuden eine Renovierung mit neuem Putz oder durch Farbe, Glasflächen, Gerüstbau, u. a., kann auch dies zur Aufgabe der Brutstätten führen, auch wenn die Zugangslöcher offen gelassen wurden.

Weder für Gebäude- noch für Baumhöhlenbrüter lassen sich die Ansprüche in ein Ökoschema bringen, denn die Extreme liegen weit auseinander, und die Ansprüche liegen individuell in einem breiten Spektrum verteilt. Es können sich ganze Kolonien an ungewöhnlichen Brutplätzen ansiedeln: M i l d e n b e r g e r (1984) nennt die Stahlkonstruktion der Rheinbrücke Wesel, die mit 24 BP besetzt ist. K. S c h m i d t (mündl.) fand im Bezirk Suhl in zwei aufeinanderfolgenden Jahren je eine Dohlenbrut in einem hohlen Betonmast einer Elektroleitung.

10.4. Wahl des Nistplatzes

An der Wahl des Nistplatzes sind beide Partner beteiligt. Lange vor dem Eintragen des ersten Nistmaterials besetzen die Brutvögel ihre Nischen bzw. Höhlen. Ich sah sie bis 30 min fast unbeweglich nebeneinander stehen, als wollten sie sich mit jeder Einzelheit vertraut machen. Dann geraten sie in ein aktiveres Stadium. Sie schlüpfen hinaus und kommen in kurzen Zeitabständen zurück. Dann hängen die Brutpaare außen am Gemäuer, die Besetzung ihrer Höhlen anzeigend. Es setzt die Verteidigung gegen konkurrierende Brutpaare ein, aber Auseinandersetzungen finden nicht im Gebäudeinneren statt. Die Verteidigung kann beschränkt sein auf fortgesetztes Herabstarren auf die Konkurrenten, so daß sich bei diesen Übersprunghandlungen äußern (Putzen, Kraulen, Picken im Mörtel u. ä.).

Die Wahl des Nistplatzes kann auch auf solche Brutstätten gerichtet sein, die von verwilderten Haustauben oder Turmfalken besetzt sind. Gegen diese setzen sich die Dohlen durch, doch bleiben sie erfolglos, wenn im vorjährigen Dohlennest der Waldkauz brütet.

Im umgekehrten Fall ist die Besetzung leerer Dohlennester durch Turmfalken nachweisbar (R. O r t l i e b briefl. u. durch Foto), obwohl diese Greifvogelart nicht auf Nistmaterial angewiesen ist und die Eier meist auf Mörtel, Schutt o. ä. ablegt.

Die Brutnesttreue der Dohlen entfällt zuweilen, auch wenn hier vorher jahrelang die Brut geglückt ist. Es scheint sich um qualitativ zweitrangige Nester zu handeln, solche in geringerer Höhe oder mit destruktiven Einflüssen bzw. Störungen, evtl. auch um Kaminbruten.

Bei Nistplätzen in unterschiedlicher Höhe werden die obersten zuerst besetzt. An der Autobahnbrücke Jena-Göschwitz ist die Nistplatzwahl vorrangig auf das Obergeschoß in etwa 15 m Höhe gerichtet. Nur zögernd werden Nistkästen in 9 m Höhe besetzt. Auch in Heuckewalde setzt alljährlich der Kampf um die hochgelegenen Nistplätze ein, nicht aber um den Kaminbrutplatz, so daß für dessen Besetzung die individuelle Eignung eines Brutpaares anzunehmen ist.

10.5. Verlobung und Paarbildung

Zur Verlobung der Dohlen gibt uns Lorenz (1931, 1971) zwei unterschiedliche Versionen. Lorenz (1931): Junge Dohlen verloben sich meist im ersten Herbst ihres Lebens. Manche Ex. warten auch bis zum zweiten Herbst mit der Verlobung. Lorenz (1971): Dohlen verloben sich in dem auf ihre Geburt folgenden Frühling, sind jedoch in dem darauffolgenden erst fortpflanzungsfähig.

Wahrscheinlich ist die zweite Variante eher zutreffend bzw. kommt häufiger vor. Die Verlobung dauert im allgemeinen an, bis die Vögel als Brutpaar auftreten. Ob Partnerwechsel während der Verlobungszeit vorkommt, ist von wildlebenden Dohlen nicht bekannt, jedoch kommen nach Lorenz (1931) in Gefangenschaft Paarumbildungen vor (*Geburtsjahr):

Gelbgrün (♂) *1927, verlobt mit Rotrot im Herbst 1927, im Januar 1928 umgepaart, seitdem mit Rotgelb verheiratet, 1929 erfolgreiche Brut

Rotgelb (♀) *1927, verwitwet im März 1930, im Herbst 1930 im Begriff, sich mit diesjährigem ♂ zu verloben

Rotrot (♀) *1927, verlobt mit Gelbgrün im Herbst 1927, umgepaart im Januar 1928, von da verlobt mit Blaugelb, Mai 1928 von ihm verlassen. Herbst 1929 verlobt mit ♂ aus dem Jahre 1928

Blaugelb (♂) *1927, verlobt im Januar 1928 mit Rotrot, beginnt im März 1928 Beziehungen zu Linksgrün.

10.6. Balz und Kopulation

Lorenz (1971) schildert das Balzverhalten seiner Dohlenmännchen: „Der Dohlenjüngling „prahlt" mit überschüssiger Kraft, alle seine Bewegungen haben etwas Gewollt-Gespanntes, er kommt aus der Imponierstellung (durchgedrückter Nacken und aufgerichteter Hals) überhaupt nicht mehr heraus ... Aber wohlgemerkt: Nur wenn „sie" zusieht!" Lorenz beschreibt dieses Balzverhalten, das der Kopulation vorausgeht, jedoch lassen sich geschlechtliche Regungen bereits bei jungen Dohlen nach der ersten Mauser beobachten. Sooft K. Sperhake die Faust vorstreckte, flog das (von mir aufgezogene) Dohlenmännchen auf die Faust, bohrte und hackte mit dem Schnabel zwischen die zusammengedrückten Finger, krallte sich auf dem Handrücken (als Phantom) fest und ließ während eindeutiger Kopulationsbewegungen und lauter „*räääh-räääh-räääh*-"Rufe flügelschlagend seine sexuelle Erregung erkennen.

Kleinschmidt (1936) beobachtete am 19. 9. am Wittenberger Schloßturm einheimische (alte, Verf.) Dohlen „... als seien sie brütlustig, ... Ein Vogel mit Niststoff an der Turmwand angeklammert. Gleich darauf das Pärchen dicht beieinander im engen Eingang des Brutloches." 29. Oktober: „Dohlenpärchen im Mauerloch. Die eine balzt mit Schwanzzittern (Himmel bedeckt, windstill ... Stare singen)".

Das von Kleinschmidt und auch Lorenz (1931) beobachtete Schwanzzittern sah ich am 1. Oktober 1985 in Heuckewalde bei sonnigem Wetter. Die Vögel benahmen sich wie im April. Leise „*gack-gack*"-Rufe des ♂ wurden mit Schwanzzittern be-

Abb. 55. Kopulation auf
dem Nest, das Weibchen
brütet bereits. Heuckewalde,
4.5.1985. Orig.

antwortet, von mir so notiert: Schwanzwedeln horizontal, nicht vertikal wie beim
Hausrotschwanz. Frecuenz 4/s für die Zeitdauer von jeweils 10–15 s. Pflugbeil
(1938) beobachtete Balzregungen im Dezember und weist auf die Aktivierung durch
sonniges, wenn auch kaltes Wetter hin. Balzvorgänge außerhalb der Brutzeit müssen
nicht generell auftreten, sondern nur bei solchen Individuen, deren Gonaden nach
ihrer Rückbildung vorübergehend wieder größer geworden sind (Bastock 1969).

Eine Kopulation beobachtete ich am 4.5.1985 in Heuckewalde, Nest 5. Am Außengemäuer waren „kjäck" auch „kjock"-Rufe zu hören. 10.32 Uhr, das brütende ♀ beugte
sich tief in die Nestmulde (zum Eierwenden?). Das ♂ kam in diesem Moment herbei
und bestieg sein ♀ zur Kopulation unter schnarrenden, lauten Rufen: „rääh-rääh-
rääh!" Um 10.41 Uhr erfolgte eine Wiederholung unter ähnlichen Umständen.

Laute Kopula-Rufe sollen außer den Dohlen auch den Rabenkrähen eigen sein,
denn Haverschmidt (1934) beobachtete dreimal Kopulationen von *Corvus corone*,
bei denen das ♀ ein lautes „knarr!" von sich gab.

10.7. Dauer der Ehe

Nach Niethammer (1937) leben Dohlen offenbar in Einehe. Lorenz (1971) beobachtete bei all seinen Dohlenpaaren, die er längere Zeit pflegte, daß sie bis zum Tode
zusammenhielten. Scheidet ein Partner durch Tod aus, wird jedoch recht schnell ein
neuer Partner gesucht und angenommen.

10.8. Neststand

Dohlennester stehen in Sand-, Lehm-, Fels- und Gipswänden, in Löchern und Nischen hoher Gebäude, nach Waldeck u. Bosch (1932) in den Niederlanden in Kaninchenbauen, nach de Vries (1951) außer in den Niederlanden auch in Kaninchenbauen Belgiens, wo dieses Nisten ebenfalls eine häufigere Erscheinung ist und
Kolonien von 20 bis 25 BP gebildet werden. Von Witherby et al. (1949) wird das Nisten in Kaninchenbauen für England genannt, von Hübner (1908) für die Insel
Vilm/Meckl. nachgewiesen und auch von Niethammer (1937) angeführt.

Das Nisten in Saatkrähenkolonien wird vermutlich (nach Naumann 1905) im vorigen Jahrhundert häufiger vorgekommen sein, und er beschreibt die Niststätten als entstandene, überdachte Hohlräume zwischen eng benachbarten Saatkrähennestern, Kuhk (1939) jedoch als solche in leerstehenden Saatkrähennestern. Es könnte zweifelhaft erscheinen, daß Dohlen ihre Brut aufziehen in Nestern, die nicht überdacht sind. In England wurden jedoch nach Jourdain u. Tucker (1926/27) in einem Saatkrähennest einer Saatkrähenkolonie junge Dohlen gefunden. Auch Witherby et al. (1949) nennen diese Nistweise für England, wo die Dohle auch alte Elsternester besetzt.

Rutschke (1983) nennt das Nisten in Saatkrähenkolonien für Brandenburg, nicht aber Klafs u. Stübs (1977) für Mecklenburg und Lieder (in v. Knorre u.a. 1986) nicht für Thüringen. Dagegen erwähnt Mildenberger (1984) die Dohle als vereinzelten Freibrüter in Saatkrähenkolonien des Rheinlandes.

Creutz (1981) verweist auf Beobachtungen von Berndt u. Drenckhahn (1974), daß im Unterbau von Reiherhorsten (Ardea cinerea) Dohlen verschwanden (und hier wahrscheinlich nisteten, Verf.). In Makedonien stellte Makatsch (1950) die Dohle als „Untermieter" in den Horsten des Weißstorches fest. Auch von Eichstädt u. Brose (im Druck) wurde im Kreis Pasewalk eine Dohlenbrut in einem Weißstorchhorst nachgewiesen, was für die DDR ebenso ungewöhnlich ist wie die von Plath (Mskr.) angeführten Dohlenbruten in einem Seeadlerhorst im Bezirk Schwerin, 1985 mit 2 Bruten (P. Hauff).

Relativ häufig befindet sich der Neststand in hohlen Bäumen, besonders in Nachnutzung von Schwarzspechthöhlen. Nach Rudat et al. (1979) betrifft es für einige Landschaften Thüringens zu 98% Rotbuchen, da hauptsächlich diese Baumart den erforderlichen Stammquerschnitt erreicht. Auch bei Oldenburg/BRD von Taux (1976) vorgenommenen Untersuchungen waren 95% der mehr als 200 berücksichtigten Höhlenbäume 130- bis 175jährige Rotbuchen. Die von diesem Autor gewonnenen Meßdaten enthält Tabelle 6.

Striegler u. Jost (1982) ermittelten für die Höhlenbäume (Rotbuchen) des Branitzer Parks einen etwas höheren Mittelwert, nämlich 62 cm. Aber die Dohle besetzt auch Baumhöhlen, die nicht durch Schwarzspechte, sondern durch natürliches Ausfaulen entstanden sind, z. B. in Dessau, Platanengruppe am Rondell (s. S. 33). Hier liegen die Höhen zwischen etwa 7,5 m und etwa 16 m. Rudat et al. (1979) geben für Thüringen Höhen von 5 bis 17 m an. Nach Blume (1981) stehen im Gladenbacher Bergland die Schwarzspechthöhlen in Höhen zwischen 6 und 12 m. Das Nisten der Dohlen in sehr geringen Höhen ist nicht nur von Taux (1976) nachgewiesen, sondern mit nur 3 m Höhe auch in der Schweiz von Zimmermann (in Glutz v. Blotzheim

Tabelle 6. Angaben zu Bruthöhlen und -bäumen der Dohle in Oldenburg. Nach Taux 1976

	Minimum	Mittelwert	Maximum
Stammdurchmesser in Brusthöhe	27 cm	56,5 cm	92 cm
Höhe der Höhlen	2,65 m	11,40 m	21 m

Abb. 56. Typische Lage
eines Dohlennestes im
Gebäude. a Darstellung im
Schnitt, b Draufsicht. Orig.

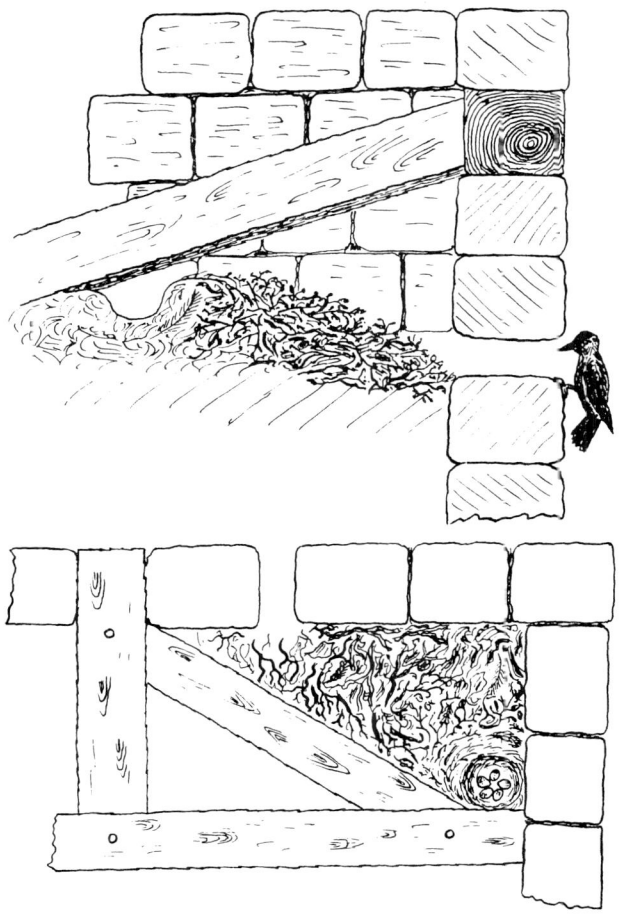

1964) und im Rheinland in Kopfweiden und Obstbäumen in 2,4–3,2 m Höhe von
Mildenberger (1984) beobachtet worden.

Owen (1930) fand zwei Dohlennester in hohen Zypressen, sodann auch in der Astgabel einer starken Kiefer, wo sich ein „gewaltiger Abfallhaufen" (Laub sowie Zweige/
Äste?) angesammelt hatte. Hier bohrten die Dohlen Höhlen hinein und legten darin
ihre Nester an.

Um bei Gebäudebrutstätten vom Eingangsloch an das Nest zu gelangen, können
Dohlen in die Höhe steigen, im allgemeinen bis etwa 50 cm, vielleicht auch noch etwas höher. Eine seltene Ausnahme bildet ein turmartiger Nestbau, den J. Frank in
der Nicolaikirche zu Geithain fand. Dieses Gebilde wurde an einen senkrechten Balken gebaut. Die Brutvögel flatterten und kletterten am 163 cm hohen Nestbau hinauf
und herunter, so daß am Boden das Nistmaterial schließlich auf eine Breite von
122 cm auseinandergezogen war.

87

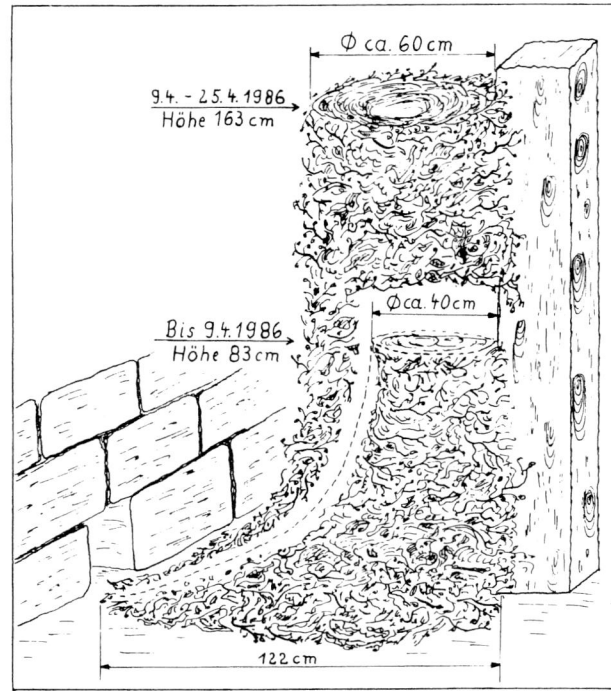

Abb. 57. Abnormes Dohlennest in der Nicolaikirche zu Geithain (Sa.). In der Zeit vom 15.2. bis 9.4.1986 entstand der 83 cm hohe Unterbau, dann wurde dieser bis 25.4.1986 aufgestockt bis auf 163 cm Höhe. Für den letzten Teil wurde das Nistmaterial von oben herangeschafft. In einer Höhe von 2 m befindet sich ein Lüftungsloch im Dach, das ebenfalls wie das untere, nach N gerichtete Eingangsloch, benutzt wurde. Orig. (nach Maßangaben und Skizze von J. F r a n k)

Dohlen können auch geschickt in die Tiefe steigen, wofür Kamindohlen das beste Beispiel sind. Der Neststand in Kaminen ist dem in hohlen Betonmasten sehr ähnlich. Außer K. S c h m i d t (mündl.), der zwei Dohlenbruten in einem hohlen Betonmast in Dermbach/Rhön fand, konnte auch P l a t h (im Druck) das Nisten in hohlen Betonmasten in Saßnitz und im Kreis Röbel nachweisen, außerdem über das alljährliche Nisten mehrerer Brutpaare in der Stahlkonstruktion der Kabelkrananlage der Werft sowie von drei Nestern berichten, die 1985 in Nistkästen des Tierparks Binz gefunden wurden.

Ein Bevorzugen einer bestimmten Himmelsrichtung, auf das Einflugloch bezogen, scheint es nicht zu geben. Die Autobahnbrücke Jena-Göschwitz verläuft etwa in Ost-West-Richtung, so daß den Dohlen Brutplätze an der Nord- und Südseite zur Verfügung stehen. Es gibt keine Hinweise darauf, daß die sonnigere Südseite bevorzugt wird. Im Schloßturm Heuckewalde sind die meisten Nester mit ihrem Einflugloch nach Westen gerichtet, aber hier sind auch die meisten Mauerlücken vorhanden! In der Nicolaikirche in Geithain, dessen viereckiger Turm eine Innenfläche von 36 m² besitzt, fand J. F r a n k (briefl. Mitt.) die 6 Nester mit Öffnungen in folgende Richtungen: 1 Nest nach Nordwest (Ecknest), 1 Nest nach Südost (Ecknest), 2 Nester nach Süden, 1 Nest ebenfalls nach Süden, aber weiter im Inneren des Turms.

Auch am Havelberger Dom ergibt sich kein eindeutiges Bild von der Bevorzugung einer Himmelsrichtung, und dies trotz der von P l a t h (1985) hier angewandten Methodik der Kartierung auf großformatigen Fotoaufnahmen. Nach L. Plath (briefl. Mitt.) gehen einige Löcher durch das Mauerwerk hindurch, andere nicht. Es würde somit durch die bloße Zuordnung der ausgezählten Rüstlöcher zur Himmelsrichtung ein verfälschtes Ergebnis entstehen. Ähnlich scheint es sich hier mit dem bevorzugten Neststand im Backsteinmauerwerk zu verhalten. Im Natursteinmauerwerk wurden die Rüstlöcher nicht angenommen. Allerdings ist in Naturstein nur der untere Bereich aufgemauert. Haben Dohlen die Wahl, bevorzugen sie größere Höhen, und dies (nicht das unterschiedliche Mauerwerk) dürfte der entscheidende Faktor sein.

10.9 Nestbau

Nach Witherby et al. (1949) sind in England beide Brutvögel am Nestbau beteiligt, was auch für *C. m. monedula* gelten soll. Auch nach Lorenz (1931) beteiligen sich beide Brutvögel am Nestbau, wobei das Männchen vor allem den Unterbau errichtet und das Weibchen schließlich die Nestmulde auskleidet. Jourdain (1927) weicht in seiner Auffassung hiervon ab. Das Einbauen der Niststoffe soll hauptsächlich vom Weibchen besorgt werden, das Männchen jedoch den größeren Teil des Nistmaterials herbeischaffen. Zimmermann (1951) konnte nach Beobachtungen an einem Brutpaar eine solche Arbeitsteilung nicht erkennen und sah, daß sich beide Partner im Auskleiden und Ausdrehen der Mulde ablösten. Der Bautrieb war derartig stark, daß die Brutvögel ab und zu versuchten, sich zu zweit in die Nestmulde zu setzen.

Auch ich konnte eine Arbeitsteilung feststellen. Es kam vor, daß nur ein Vogel Nistmaterial brachte und der andere ihn nur begleitete. Es ist anzunehmen, daß es mehrere Varianten gibt und diese sich im Laufe der Nestbauzeit abwechseln, also nicht starr durchgehalten werden.

In der ersten Phase des Nestbaues waren in den meisten Fällen beide Brutvögel am Nestbau beteiligt, auch wenn nur ein Partner mit Niststoff zum Nest kam. Beim Auskleiden der Nestmulde sah ich regelmäßig nur das Dohlenweibchen in Aktion, das – tief in die Nistmulde gebeugt – rundum mit dem Schnabel die feinen Niststoffe ordnet.

Bei gutem Wetter kann der Nestbau bereits Ende März beginnen und sich bis in die Brütezeit, also bis in den Mai hinein, erstrecken. Das ideale Wetter für den Nestbau sind sonnige, warme Frühlingstage. Nebel, Nässe, Frost und Winterwetter können den Nestbau unterbrechen oder zumindest verzögern. Erstmalig besetzte Brutstätten (z. B. nach Anbringen eines Nistkastens) werden mit höherer Intensität mit Nistmaterial beschickt als alte, jahrelang benutzte Nester. Als im Herbst 1985 in Heuckewalde versuchsweise eine Kiste (Grundfläche innen 60 × 45 cm, 40 cm hoch) an ein Mauerloch gesetzt wurde, war das Nest um den 8. April 1986 im groben Unterbau bereits fertig und diese Kiste fast zur Hälfte mit Nistmaterial aufgefüllt (Nest Nr. 3). Durch den nun einsetzenden harten Nachwinter wurde das Auskleiden der Nestmulde allerdings verzögert. Aber zu dieser Zeit hatte die Renovierung der benachbarten alten Nester gerade erst begonnen. Während sich die Brutvögel an den alten Nestern in der Zeit des aktiven Nestbaues still verhielten, ging es in der neuen Brutstätte Nr. 3 turbulent zu, und die Brutvögel erzeugten mit dem Verbauen der Reiser einen erheblichen Lärm.

Im Gegensatz zur späteren Brütezeit sind die Dohlen zur Nestbauzeit nicht sehr geräuschempfindlich. Möglicherweise schieben sie Geräusche des heimlichen Beobachters ihren Artgenossen zu oder ihr Gehör ist überhaupt erst später beim Brüten zu höchster Wachsamkeit geschärft.

So unterschiedlich sich manche Brutvögel in ihrem Verhalten äußern, so unterschiedlich ist auch der Nestbau, was äußeren Umfang und die Masse des Nistmaterials betrifft. Manche Dohlennester erreichen bis zu 60 cm Durchmesser, auch in rechteckiger Gestalt von etwa 50 × 70 cm und größer. Andere sind nur klein, ihnen fehlt zuweilen jegliches grobe Reisig, und nur eine gut ausgepolsterte Nistmulde verrät die Brutstätte.

Bei Dohlen, die Reisig eintrugen, fiel mir regelmäßig auf, daß jeweils nur ein Zweig transportiert wurde. Das entspricht den Beobachtungen von Zimmermann (1951), doch sah Ringleben (1944) in Estland Dohlen, die kleinere Zweige bündelweise herbeitrugen. Sehr lange und sperrige Zweige bereiten beim Passieren des Eingangs Schwierigkeiten, und nach etlichen Fehlversuchen des weiteren Transportes bleiben solche Zweige liegen. Zuweilen wird auch dort sperriges Reisig verbaut, wo es auf den ersten Blick keine nistökologische Funktion hat. Aber die außerhalb des engeren Nestbereiches abgelegten Zweige bilden wie ein „Drahtverhau" einen Schutzwall, so daß Feinden das Eindringen erschwert wird und die tiefe Nistmulde an Deckung gewinnt.

Zimmermann (1951) beschreibt zutreffend, daß die Nestmulde nicht mit Reisig unter-, sondern nur umbaut wird. Die Vögel sparen ein Loch für die Nistmulde aus, die aus feinerem Material errichtet wird. Zimmermann fand in drei Nischen je zwei Nestmulden. Auch Lorenz (1931) stellte an einem Dohlenpaar fest, daß es gleichzeitig zwei Nestmulden nebeneinander baute. In Heuckewalde kam es mehrfach vor, daß neben einer angefangenen die endgültige Nistmulde entstand. Möglicherweise haben auch bei Dohlen einzelne Individuen Schwierigkeiten mit dem Abreagieren von Triebhandlungen. Von diesen Regelwidrigkeiten ist der gleichzeitige Nestmuldenbau an einem Nistplatz durch zwei Brutpaare zu unterscheiden. In seltenen Fällen können (besonders in Nistkästen) zwei Nestmulden mit zwei Gelegen entstehen (Jena-Göschwitz, im Nistkasten zwei Gelege mit 11 Eiern, beides erfolgreiche Bruten; Dr. Zaumseil, mündl. Mitt.).

Der Nestbau ist einem gewissen Tagesrhythmus unterworfen, von dem jedoch manches Brutpaar abweicht. Früh gegen 6.25 Uhr (Mitte April, Sommerzeit) schwärmen die Dohlen aus, aber nicht zur Nahrungssuche, sondern zum Sammeln von Nistmaterial. Dohlen fliegen auch bei mäßig starkem Regenwetter aus. Die Zeitintervalle liegen zwischen 4 und etwa 20 min. Ab 12 Uhr flaut die Nestbau-Aktivität ab, und ab etwa 15 Uhr steht die Nahrungssuche im Vordergrund. Die späten Nachmittagsstunden werden bis zum Abend nur noch für die Nahrungssuche genutzt. Dazwischen erfolgt immer wieder Schwarmbildung. Nur gelegentlich werden die Nester aufgesucht und dann auch nur zum Ruhen und Bewachen der Nesteingänge.

Nach Zimmermann (1951) räumen die Brutdohlen aus sehr engen Nistlöchern und Nischen, die mit Taubenkot angefüllt sind, diese Stoffe aus und beginnen erst dann mit dem Nestbau. Owen (1930) beschreibt, daß sie in der Lage sind, nach Spechtart Höhlen in morsches Holz zu hacken. Quantz (1930) berichtet, daß an den Gipswänden am Katzenstein nahe Osterode/Harz sich die Dohlen in den alten, nicht mehr in Betrieb befindlichen Gipsbrüchen ihre Nistplätze durch Aushöhlen des lockeren Gesteins geschaffen haben. Auch vom Kirchturm in Eilenburg/Mulde berichtet Quantz, daß die Dohlen im weichen, bröckeligen Mörtel mit dem Schnabel gehackt,

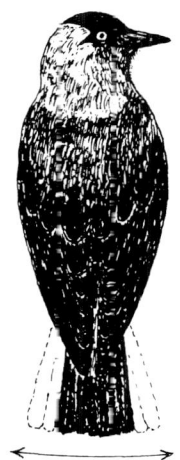

Abb. 58. Dohlenweibchen mit angedeutetem Schwanzwedeln. Dies kann zum Balzverhalten gehören, aber auch Freude zum Ausdruck bringen, z. B. bei der Rückkehr des Partners zum Nest. Das Schwanzwedeln kann (selten?) auch an aufgezogenen Dohlen gegenüber dem Pfleger beobachtet werden. Orig.

sich nach innen vorgearbeitet und so Hohlräume für ihre Nester geschaffen haben. Nach Creutz (1935) haben die Dohlen im Elbsandsteingebirge Halb- und Schichthöhlen durch das Ausräumen lockerer Gesteinsmassen erweitert. Es können also erhebliche Aktivitäten zur Gewinnung von Hohlräumen entwickelt werden.

In Heuckewalde entstanden zum Nestbau einige Notizen: *16. 4. 1986.* ♀ sitzt oft im Mauerloch, zeigt Schwanzzittern. 7.50 Uhr. ♂ bringt feines Nistmaterial als kleines Bündel. Es erfolgt im Nesteingang Übergabe an das ♀. Dieses setzt sich in die Nestmulde und verbaut den Niststoff. Die Aktivität des Nestbaus ist auch bei gutem Wetter nach 11 Uhr schon gemindert. Es sind oftmals die Brutvögel lange unterwegs, eine Stunde und länger. Eine zurückgekehrte Dohle klopft außen mit spechtähnlichen Schnabelhieben gegen den Fensterrahmen. Dann steht das ♀ im Nesteingang, hackt mit dem Schnabel Mörtel aus den Mauerfugen. Angaben von Quantz (1930) sind nicht anzuzweifeln (Aushöhlen von lockerem Gestein).

21. 4. 1986. Noch vor Vollendung der Innenauskleidung der Nistmulde werden lange Pausen eingelegt. Beide Brutvögel stehen dicht nebeneinander und blicken nach außen. Das ♀ zeigt immer öfter das Schwanzzittern. Der Schwanz wird gespreizt und horizontal mit hoher Frequenz bewegt, max. für 6 s. Auch benachbarte Brutpaare stellen zeitweise den Nestbau ein und verweilen in ihren Mauernischen. Es setzt die Unterhaltung ein, nur mäßig laut: *„ückück-ückück-gickgickgick-gack-ückück-gickgickgick-ück …".*

In dieser Stimmung bauen die Dohlen nicht. Einzelne Brutpaare jedoch nehmen nicht an der Unterhaltung teil. Sie kommen lautlos mit Nistmaterial zum Nest. In einem solchen Nest lag am 23. 4., also etwa einen Tag nach Fertigstellung der Innenauskleidung, das erste Ei.

Für die Maße der Nestmulden im Gemäuer notierte ich Durchmesser von 16 bis 18 cm. Vom Mauerwerk eingeengte Nester waren zuweilen nicht kreisrund, etwa 15 × 18 cm groß. Die Muldentiefe bewegte sich stets um 9 cm. Bei Nestern in Obstkisten, wo die Brutvögel nicht in die Tiefe vordringen konnten, begnügten sie sich mit 6 cm Tiefe.

10.10 Nistmaterial

Das Nistmaterial stammt sehr oft aus unmittelbarer Nähe des Brutplatzes. Am auffälligsten ist das Eintragen von Baumreisern bzw. größeren Zweigen. Es ist nicht so, daß Zweige stets abgerissen werden (Niethammer 1937). Oft werden sie auch vom Boden aufgelesen (Zimmermann 1951), zuweilen auch aus leeren Greifvogelhorsten geholt, oder es werden (meist unbesetzte) Dohlennester geplündert. Manche Baumarten sind kaum einmal im Nistmaterial vertreten, obwohl sie in der Nähe ihren Standort haben, z. B. Eiche, Fichte, Kiefer.

In der Kolonie Heuckewalde fand ich in den Nestern Reiser folgender Baumarten: Birke, Apfel, Lärche, Weide, Erle, Robinie. In der Kolonie Autobahnbrücke Jena-Göschwitz waren Weide, Pappel, Erle, viel Holunder, Waldrebe und Esche vertreten. Die Länge der Reiser bewegt sich im allgemeinen zwischen 12 und 30 cm, nach Zimmermann wurden in der Schweiz sogar 40 cm erreicht. Daß Dohlen sogar 70 cm lange Zweige transportieren können, ermittelte J. Frank (briefl. Mitt.).

Fällt ein Zweig zu Boden, wird er nicht aufs neue aufgenommen. Ich sah Dohlen auf dem Erdboden beim Versuch, Zweige von größeren Ästen durch spechtartige Schnabelhiebe abzutrennen, natürlich ohne Erfolg.

Für den weiteren Nestbau werden die verschiedensten Niststoffe gesammelt und verbaut: Papierfetzen, Stofflumpen, Bindfäden, Heu, Stroh, Pflanzenfasern, Vogelfedern und Tierhaare für die Nestmulde. Auch Brotrinden werden verbaut und nach Zimmermann (1951) Moos aus Dachrinnen. Kirchner (1933) beobachtete Dohlen, die den Wäscheleinen entlangflogen und die Klammern abrissen, so daß in einem Nest 58 gebrauchsfähige Wäscheklammern gefunden wurden. Zu den gefährlichen Niststoffen gehört Glaswolle, bei deren Vorhandensein der Brutvogel vorzeitig das Gelege verlassen kann. In Heuckewalde wurde 1985 Nest 7 mit 4 Eiern schon nach kurzer Bebrütung am 4. Mai wegen Glaswolle verlassen. In der nächsten Brutsaison 1986 wurde die gleiche Nestmulde wiederum mit Glaswolle ausgekleidet, aber fast täglich von mir entnommen, so daß kein Brutverlust eintrat. Es gehört zu den bemerkenswerten Besonderheiten, daß das Verbauen von Glaswolle nur bei diesem Brutpaar zu finden war und bei keinem anderen der Kolonie.

Das bereits erwähnte Riesennest in der Nicolaikirche zu Geithain von 163 cm Höhe wurde von J. Frank auf seine Bestandteile untersucht (Wiedergabe auszugsweise):

Längster Zweig (Holunder)	70,8 cm lang, 0,7 cm ⌀
Dickster Zweig	18,6 cm lang, 1,4 cm ⌀
1 Stück Filz	24,7 cm × 5,5, cm, 0,5 cm dick
4 Stück Dachpappe	12,1 cm × 11,1 cm
1 Stück Kupferblech	11,8 cm × 1,5 cm, 0,1 cm dick
1 Stück Zinkblech	8,8 cm × 1,4 cm, 0,1 cm dick
1 Stück Kunstfell	8,6 cm × 6 cm, 2,5 cm dick
21 Stück Naturschiefer von	4,6 cm × 4,3 cm, 0,3 cm dick
bis	10,8 cm × 4,7 cm, 0,5 cm dick;
	Gesamtgewicht 680 g (für diese 21 Stück).

Die übrigen von J. Frank gefundenen Niststoffe weichen weniger von üblichen Niststoffen ab: getrockneter Kuhdung, Pferdedung, getrockneter Taubenkot, Kunstborsten, verschiedenes Papier, Zellstoff, Glasfiber, 21 Federn von Haustauben, 49 Federn von Haushühnern, einige Federn von Turmfalken und Dohlen. Gesamtgewicht des Nistmaterials: 19,5 kg. Diese Menge füllte vier Getreidesäcke und wurde in einer Brutsaison (1986) eingetragen.

Kirchner (1933) fand beim Ausräumen eines Kaminnestes eine ähnlich große Masse, nämlich 20 kg. K. Schmidt untersuchte im Bezirk Suhl ein neugebautes Dohlennest und ermittelte die Anzahl der Äste und Zweige mit 2 200 Stück!

Eine wichtige Funktion haben offenbar Lehmbatzen und Erdklumpen, die auch für die Innenauskleidung der Mulde eingetragen werden, nach Lorenz (1931) sogar noch, als Junge im Nest saßen Zimmermann (1951) beschreibt die zerfallenden Lehm- und Erdklumpen als Mittel zur Abdichtung der Nestmulde (gegen Zugluft? Verf.).

Nach Fritsch (1981) ist die Dohle regelmäßiger Brutvogel in den Leuna-Werken Merseburg, wo sich die Brutvögel das Schilfrohr von den isolierten Leitungen holen. Noch ungewöhnlicher ist die Beobachtung von Bub (1957), der im Frühjahr und Sommer 1944 in Rumänien Dohlen sah, die Pferden und Rindern Haare ausrissen, um sie als Nistmaterial zu verwenden.

Wie die Nistbauweise ist also auch Menge und verwendetes Material sehr unterschiedlich. Die Menge steht oftmals mit den räumlichen Verhältnissen des Brutplatzes in Korrelation. Die Niststoffe sind jedoch zuweilen völlig ungeeignet, denn auch Zimmermann (1951) fand Eisenteile und sogar Glas. Den Verdacht, es könnten Prädispositionen für regelwidrige Nistbauweisen bzw. Niststoffe innerhalb dieser Vogelart vorkommen, bringt Herrick (1911) mit Mutationen in Zusammenhang, die nicht nur im morphologischen oder physiologischen Bereich auftreten, sondern sich auch in Abänderungen normaler Verhaltensweisen äußern können. Laven (1940) bezweifelt die Nachweisbarkeit von Verhaltensmutationen, zieht aber bestimmte Auslöser für bestimmte Niststoffe in Betracht, was wahrscheinlich u. a. auch für Glaswolle zutrifft.

11. Brutablauf

11.1. Eier und Gelege

Die Gestalt von Dohleneiern wird von Makatsch (1976) als oval, auch kurzoval, seltener spitzoval, langspitzoval oder kreiselförmig bezeichnet. Bei eigenen Untersuchungen fand ich oftmals, daß mehrere Abweichungen vom „Normaltyp" in einem Gelege auftreten können, also z. B. in einem Sechsergelege drei Eier oval, eines kurzoval und zwei Eier langspitzoval.

Ähnlich variabel verhält es sich mit der Grundfärbung und Fleckung der Eier, nach Makatsch: „Auf hellbläulichem bis blaß grünlichblauem Grund mäßig stark gefleckt. Die meist scharf umgrenzten rundlichen Flecken variieren von schwarzbraun über braun bis helloliv, die Unterflecken sind hell und dunkel aschgrau bis grauviolett. Die Flecken nehmen zum stumpfen Pol hin an Größe zu und häufen sich hier gewöhnlich. Die Fleckung kann sehr fein sein und mehr oder weniger gleichmäßig das ganze Ei bedecken, dann wieder ist sie spärlicher und zugleich gröber ...".

Zur Schalendicke sind bei Makatsch (1959, 1976) keine Angaben zu finden. Für

11 Dohleneier erhielt ich im Minimum 0,175 mm, im Maximum 0,330 mm, im Durchschnitt 0,224 mm (alle Daten wurden nach dem Schlupf ermittelt). Die niedrigsten Werte für die Schalendicke, um 0,185 mm, zeigten sich bei feingesprenkelten Eiern. Die mit 0,330 mm höchsten Werte traten je einmal bei grob- bzw. mittelgrob gesprenkelten Eiern auf.

In Gelegen mit grobgesprenkelten Eiern waren fast immer auch solche mit feiner Sprenkelung auf meist sehr hellem Grund vorhanden. Es gibt jedoch keine Hinweise darauf, daß an den Brutverlusten (Schalenbruch, geringere Fertilität, tote Embryonen) der eine oder andere Schalentyp stärker beteiligt ist.

Die Gelegegröße beträgt nach Makatsch (1976) bei *C.m. monedula* 4 bis 7 Eier, bei *C.m. spermologus* 5 bis 6 Eier, in Großbritannien gewöhnlich 4 bis 6 Eier, zuweilen nur 2 bis 3 Eier (wahrscheinlich unvollständige Gelege). Nach Mansfield (1937) sind Dohlengelege mit 8 Eiern 4- bis 5mal und Gelege mit 9 Eiern einmal in der Literatur belegt.

Nach Mildenberger (1984) scheinen April-Vollgelege etwas größer als Mai-Vollgelege (im Rheinland) zu sein:

Anzahl der Eier pro Gelege	3	4	5	6	7	8	Ø
27 April-Vollgelege	1	7	11	6	1	1	5,07
25 Mai-Vollgelege	3	4	10	7	1	–	4,96

In der Schweiz erhielt Zimmermann (in Glutz v. Blotzheim 1964) Werte von 4,58 (für 133 April-Vollgelege) bzw. 4,46 (für 15 Mai-Vollgelege).

Hinsichtlich der Gelegegröße der auf dem Großmünster in Zürich brütenden Dohlen teilte Zimmermann (1951) folgende Daten mit:

Anzahl der Eier pro Gelege	1	2	3	4	5	6	Ø
1949	–	3	9	8	14	4	4,18
1950	1	4	5	10	16	6	4,52

Soweit die Gelegegrößen festgestellt werden konnten, ergibt der Vergleich mit der Kolonie Heuckewalde:

Anzahl der Eier pro Gelege	3	4	5	6	7	Ø
1984	–	2	4	3	–	5,11
1985	–	1	4	2	1	5,37
1986	1	1	5	2	–	4,88

Es kommt der Verdacht auf, daß kleinere Kolonien eine höhere Produktivität hinsichtlich der Gelegegröße aufweisen, möglicherweise auch in bezug auf die Anzahl der pro

Tabelle 7. Frischvollgewicht und Schalengewicht (Durchschnittswerte) für die Eier der 3 Unterarten der Dohle. Nach Makatsch
1976

Unterart	n	Frischvoll-gewicht (g)	Schalen-gewicht (g)
Corvus m. monedula	9	10,75	0,779 (0,86–0,67)
Corvus m. spermologus	41	11,92	0,801 (0,95–0,72)
Corvus m. soemmeringii	435	11,58	0,802 (1,06–0,57)

Gelege ausgeflogenen Jungen, wie in einem späteren Abschnitt zu untersuchen sein
wird.

Die Frischvollgewichte von Eiern der drei Unterarten sowie die Schalengewichte lassen eine erhebliche Streuung erkennen. Die von Makatsch (1976) genannten Durchschnittswerte enthält Tabelle 7.

Zimmermann (1951) nennt die Schalengewichte (C. m. spermologus) aus einem vorzeitig verlassenen Fünfergelege (Zürich): 0,752 g, 0,739 g, 0,723 g, 0,721 g, 0,666 g. Der
Vergleich zeigt, daß keiner dieser Werte an den Mittelwert 0,801 g von Makatsch
(1976) heranreicht. Auch beim Vergleich der Eimaße stellte Zimmermann (1951)
die geringere Größe der aus Zürich stammenden Dohleneier im Vergleich zu ausländi-
schen Dohleneiern fest. Von 332 Eiern stellte Zimmermann Durchschnittsmaße
von 34,42 × 24,43 mm fest.

Makatsch (1976) gibt für die drei Unterarten folgende Durchschnittsmaße der Eier
an:

Corvus monedula monedula
D_9: 33,89 × 24,73 mm (Makatsch, Finnland)
D_{128}: 35,00 × 24,97 mm (Rosenius, Schweden)

Corvus monedula spermologus
D_{100}: 35,70 × 25,49 mm (Jourdain, Großbritannien)
D_{41}: 34,97 × 25,66 mm (Makatsch)
D_{50}: 33,70 × 25,20 mm (Rey)

Corvus monedula soemmeringii
D_{100}: 34,40 × 24,90 mm (Baker)
D_{435}: 34,95 × 25,27 mm (Makatsch, Südosteuropa)

Die Ursache für die geringere Größe der von Zimmermann (1951) untersuchten
Eier ist noch unklar. Daß britische Eier alle anderen an Größe übertreffen, könnte mit
den optimalen Ernährungsbedingungen in Großbritannien zusammenhängen
(Dr. Makatsch mündl.).

Eigene Messungen an Eiern der Kolonie Heuckewalde ergaben:
D_{43}: 34,27 × 24,42 mm.

Tabelle 8. Ei-Körper-Verhältnis bei Corviden. Nach Heinroth 1922

Art	Körper-gewicht (g)	Ei-gewicht (g)	Ei-Körper-Verhältnis (%)
Kolkrabe	1 300	30,0	1/45 = 2,25
Raben- und Nebelkrähe	500	17,0	1/30 = 3,33
Eichelhäher	175	8,0	1/22 = 4,66
Dohle	225	11,5	1/20 = 5,00
Elster	200	10,0	1/20 = 5,00

Damit erreichen auch diese Eier nicht die Durchschnittswerte von Makatsch und sind noch kleiner als die von Zimmermann gemessenen Eier aus Zürich. Unter den 43 Eiern aus Heuckewalde befand sich ein Gelege mit 7 Eiern – größtes Ei 34,7 × 24,9 mm, kleinstes Ei 33,1 × 24,0 mm, Durchschnitt 33,82 × 24,45 mm. Dieses Gelege wog nur 68 g, was einem Durchschnitt von 9,71 g entspricht, jedoch sind aus sämtlichen Eiern gut entwickelte Junge geschlüpft, die alle flügge wurden. Hiernach scheint es eine direkte Abhängigkeit zwischen Minimal- bzw. Untergewicht und Fertilität nicht zu geben. Eine proportionale Abhängigkeit scheint jedoch nachweisbar zu sein zwischen Gelegegröße und Eigröße, indem in kleineren Gelegen im Durchschnitt größere Eier liegen bzw. mit steigender Eizahl des Geleges die Eier kleiner werden. Zimmermann (1951) setzte die Durchschnittsmaße der Eier in Beziehung zu den Gelegegrößen:

1 Ei aus einem Einergelege	36,7 × 24,2 mm
14 Eier aus 7 Zweiergelegen	36,0 × 24,6 mm
42 Eier aus 14 Dreiergelegen	35,0 × 24,8 mm
76 Eier aus 19 Vierergelegen	34,7 × 24,5 mm
145 Eier aus 29 Fünfergelegen	34,0 × 24,4 mm
54 Eier aus 9 Sechsergelegen	34,2 × 24,1 mm.

Nach der Volumenberechnung tritt ein kontinuierlicher Schwund in Erscheinung, wonach die Eier aus dem Sechsergelege gegenüber dem Einergelege etwa 7% weniger Masse besitzen.

Heinroth (1922) setzte das Einzeleigewicht unserer heimischen Corviden mit deren Körpergewicht in ein Prozentverhältnis. Da die Legeleistung größerer Vogelarten proportional abnimmt bzw. bei kleineren Vogelarten ansteigt im relativen Vergleich zwischen Gewicht des Vogelkörpers und Frischvollgewicht des Eies, steht die Dohle unter den Corviden an der Spitze, zusammen mit der Elster (Tabelle 8). Daß manche Regel nicht ohne Ausnahme bleibt, zeigt sich hier am Eichelhäher, der mit dem geringsten Körpergewicht dennoch nicht die höchste Legeleistung im Ei-Körper-Verhältnis aufweist.

11.2 Legebeginn

Die früheste Eiablage kann nur unter Berücksichtigung der jeweiligen Wettersituation und der Klimaregion diskutiert werden.

Die ersten Dohleneier fand ich in Heuckewalde stets um den 16. April. Nach dem schweren Nachwinter in der ersten Aprildekade 1986 fand eine Verzögerung statt, denn erst am 23. April lag je ein Ei in den ersten drei Nestern. Darunter war auch Nest Nr. 3, dessen Neubau in einer erstmals bezogenen Kiste eine Woche früher begann als die Renovierung der alten Nester. Der vorgezogene Beginn des Nestbaues hatte also auf den Legebeginn keinen Einfluß.

Zimmermann (1951) gibt für Zürich ebenfalls den 16. April (1949) an., für 1950 wird der 19. April genannt. Als absolut frühester Termin für die Schweiz (Basel) wird von Zimmermann (in Glutz v. Blotzheim 1964) der 8. April 1957 genannt.

Mildenberger (1984) nennt folgende Termine für das Auffinden der ersten Eier im Rheinland:
12. 4. und 14. 4. 1938 in Bonn-Bad Godesberg
16. 4. 1956 in Ratingen, Kreis Mettmann
18. 4. 1952 in Lohmar, Rhein-Sieg-Kreis
18. 4. und 20. 4. 1967 in Wesel.

Für Thüringen gibt Lieder (in v. Knorre u. a. 1986) zwar keine Termine für die erste Eiablage an, jedoch Daten für die Vollgelege: 12. 4.–6. 5. Schlupf: 29. 4.–25. 5., im Mittel 11. 5. In der Autobahnbrücke Jena-Göschwitz ergab sich am 26. April 1986 die folgende Situation an den über 40 besetzten Dohlennestern: 2×1, 11×2, 9×3, 10×4, 3×5, 1×6 Eier. Etwa ein Drittel der Brutpaare hatte also mit dem Legen gerade angefangen, als etwa 4 Brutpaare bereits das volle Gelege aufwiesen, was jedoch bei etlichen anderen Koloniebrütern (z. B. Lachmöwen) öfter zu beobachten ist.

11.3 Legezeit und Legeabstand

Nach Makatsch(1959) erfolgt bei den meisten Vogelarten die Eiablage in den frühen Morgenstunden. Bei Raben- und Nebelkrähen stellte Melde (1984) fest, daß die Eiablage in sieben beobachteten Fällen zwischen 10.30 Uhr und 13 Uhr erfolgte. Bei Lorenz (1931) legte dessen Dohle Rotgelb 4 Eier durchweg in den Morgenstunden der beiden letzten April- und der beiden ersten Maitage. Aber das Legen ist nicht ausschließlich auf die Morgen- oder Vormittagsstunden beschränkt, denn Zimmermann (1951) stellte fest, daß die Eiablage bei den Züricher Dohlen in 5 Fällen am Nachmittag erfolgte. Das Legen am Vormittag war hingegen in 20 Fällen nachzuweisen.

Der Legeabstand beträgt im allgemeinen einen Tag, doch kommen Pausen von 1 bis 2 Tagen, nach Zimmermann sogar von 3 Tagen vor. Hierdurch wird die Rückrechnung vom vollzähligen Gelege auf den Legebeginn sehr erschwert oder ist sogar ausgeschlossen.

11.4. Bebrütung

Makatsch (1976) nennt für die Unterarten folgende Brutzeiten:
Corvus m. monedula: Vom letzten Aprildrittel an bis Mitte Mai.
Corvus m. spermologus: In Mitteleuropa von Mitte April bis Mitte Mai.
Corvus m. soemmeringii: Unter 53 Gelegen aus der Umgebung von Bitola (Süd-Jugoslawien) datiert kein Gelege vor dem 1. Mai.

Für die in Großbritannien heimische Unterart *C. m. spermologus* nennen Witherby et al. (1949) als Beginn der Brutzeit die zweite Aprilhälfte, für *C. m. monedula* die erste Maiwoche im Süden und zwei bis drei Wochen später im Norden.

Der Beginn der Bebrütung ist uneinheitlich und scheint unabhängig von der Gelegegröße zu variieren. Nach Niethammer (1937) ist der Bebrütungsbeginn lokal und individuell verschieden. Von R. Zimmermann (zit. bei Groebbels u. Moebert 1937) wird das Brüten vom ersten Ei an als seltene Ausnahme genannt. In den meisten Fällen ist es so, daß bei Vierergelegen vom zweiten Ei an, bei Fünfergelegen vom dritten Ei an gebrütet wird. Bei Sechsergelegen sind mehrere Varianten möglich. Eine annähernd feste Regel ist nicht erkennbar, was von Zimmermann (1951) für die Dohlen des Großmünsters Zürich bestätigt wird: In drei Fällen wurde vom letzten Ei an gebrütet, bei einem Sechsergelege vom dritten und bei einem vom vierten Ei an, bei 6 Fünfergelegen vom dritten und bei 5 vom vierten Ei an, bei 7 Vierergelegen vom dritten und bei einem vom vierten Ei an, bei einem Dreiergelege vom zweiten und bei einem vom letzten Ei an, bei einem Zweiergelege vom zweiten (letzten) Ei an.

Groebbels u. Moebert (1937) weisen an 16 Gelegen von *C. m. spermologus* nach, daß kein ungleichmäßiger Bebrütungszustand vorhanden war. Hier mußte die Bebrütung erst vom letzten Ei an eingesetzt haben.

Nach Stresemann (1931) brüten bei allen *Corvus*-Arten die Weibchen allein. Für Witherby et al. (1949) gibt es keinen Nachweis für das Brüten des Männchens („no proof of male incubating"). Für Zimmermann (1951) ist diese Frage unter Hinweis auf die schwierigen Beobachtungsmöglichkeiten der sehr geräuschempfindlichen Brutvögel offengeblieben. Niethammer (1937) räumt dem Dohlenmännchen eine gewisse Beteiligung ein, was Makatsch (1976) indirekt bestätigt: „Das ♀ brütet fast ausschließlich allein". Groebbels, Kirchner u. Moebert (1938) geben an, daß am Brüten beide Geschlechter beteiligt sind, was Zimmermann (1951) als gewagt ansieht. Bei Lorenz (1931) brütete auch das Dohlenmännchen (Gelbgrün), jedoch viel weniger fest als das Weibchen, denn Lorenz konnte sein Dohlenmännchen jederzeit mit Mehlwürmern vom Nest locken, nicht aber das brütende Weibchen. Es ist jedoch fraglich, ob gefangene Vögel im Brutverhalten ihren wilden Artgenossen gleichen.

In Heuckewalde sah ich, daß das ♂ Futter am Nesteingang ablegte, worauf das ♀ das Gelege verließ und zum Futter ging. Nun setzte sich das ♂ auf das Gelege, bis das ♀ nach etwa 10 s zurückkehrte und wieder auf dem Gelege Platz nahm. Von echtem Mitbrüten des ♂ kann man daher wohl nicht sprechen, auch wenn Dohlenmännchen auf dem Gelege angetroffen werden.

Die Brutdauer beträgt 17 bis 18 Tage (Witherby et al. 1949, Niethammer 1937, Zimmermann 1951). Als Extremwerte gibt Zimmermann von 23 kontrollierten Gelegen einmal 16 Tage, zweimal 19 Tage an. 17 Tage wurden 12mal, 18 Tage Brutdauer 8mal festgestellt. Makatsch (1976) gibt ebenfalls 17 bis 18 Tage an, für die in Nordeuropa heimische *C. m. monedula* jedoch 18 bis 20 Tage .

Daß das brütende Weibchen vom Männchen gefüttert wird, beschreiben übereinstimmend Makatsch (1976), Lorenz (1931), Zimmermann (1951), Niethammer (1937) und andere. Ich konnte das Füttern auch dann noch beobachten und fotografieren, als das hudernde Weibchen auf den bereits eine Woche alten Jungen saß.

Schuster (1928) stellte fest, daß ein Dohlengelege mit 5 Eiern in einer Schwarzspechthöhle vom Brutvogel mit Niststoffen zugedeckt wurde, nachdem dieser durch das Anklopfen an den Stamm zum Verlassen gezwungen wurde. Für Corviden ist das Zudecken des Geleges sehr ungewöhnlich, wird für die Dohle aber von Hartert (1910–1922) angeführt und auch von Niethammer (1937) erwähnt. Zimmermann (1951) betrachtet dies kritisch und vermutet eher, daß beim fluchtartigen Verlassen des Geleges etwas loses Nistmaterial vom Muldenrand auf die Eier fällt. Zimmermann hat niemals ein regelrechtes Zudecken feststellen können, was sich mit meinen eigenen Beobachtungen deckt.

Hat das Brüten eingesetzt, kann dem Brutvogel ein bemerkenswert feines Gehör bescheinigt werden, das mit dem der Eulen vergleichbar ist. Auch Zimmermann macht auf die enorme Wachsamkeit und akustische Empfindlichkeit der Brutdohlen ausdrücklich aufmerksam. Aber auch in visueller Hinsicht reagieren die Brutvögel (beide Geschlechter) auf jede Veränderung in der Nestumgebung, was jedoch nicht für sehr dunkle Brutstätten gilt. Hier waren Nestbeobachtungen (in Heuckewalde) stets ergiebiger (und risikoärmer) als an helleren Nistplätzen. Zu helle Nistplätze lassen sich in vielen Fällen abdunkeln, nicht aber dunkle Nistplätze für Zwecke der Beobachtung mit elektrischem Licht ausstatten, auch nicht mit einer abgeschirmten 2 W-Birne.

Das feine Gehör des brütenden Vogels ist nicht nur nach innen in das Gebäude, sondern auch nach außen gerichtet. Unter den vielen anderen Vögeln der Kolonie hört das Weibchen sein Männchen heraus.

Während das ♀ brütet, ist das ♂ sehr oft in der Nähe, putzt sich, hält Wache im Nesteingang und „döst" vor sich hin. Für diese Situation ist der „Nestgesang" (Lorenz 1931) eine typische Stimmäußerung. Zimmermann (1951) hörte ihn vom ♂, R. Zimmermann (1931) vom brütenden ♀ und bezeichnete ihn als Selbstgespräch. Niethammer (1937) schreibt den Nestgesang dem ♀ zu, Lorenz (1931) jedoch dem ♂, das sich langweilt, sich allein fühlt und in einer von Sehnsucht geprägten Gemütsbewegung eigenartige Stimmen von sich gibt. Im bunten Durcheinander hörte Lorenz Töne aus der „Umgangssprache": den Sitzlockton „*Kia*", den Fluglockton „*Kiu*", auch das Jüpen und das Raubvogelschnarren. Diesen letzteren Alarmruf hörte auch ich von ruhenden Brutvögeln, ohne daß ein Koloniemitglied in Hektik geraten wäre, wie das sonst beim Schnarren der Fall ist. Lorenz vermerkt ebenfalls die ausbleibende Reaktion auf das Schnarren, denn es wird gesungen vorgetragen. Nach Lorenz (1971) sind es gespottete Laute, die auch von einigen Singvogelarten wie Gelbspötter, Rotrückiger Würger, Blaukehlchen und Star bekannt sind.

11.5. Schlupf, Entwicklung und Jungenfütterung

Heinroth (1966) gibt für das Gewicht der frisch geschlüpften Jungen 7,5 g an. Zimmermann (1951) nennt ein recht breites Spektrum von 7 bis 14, meist 8–10 g. Die geschlüpften Jungen sind nicht ganz nackt, sondern tragen auf dem Rücken einen etwa 12–15 mm langen bürstenartigen Dunenflaum von hellgrauer Färbung. Geschlüpfte Eischalen werden noch am gleichen Tag vom Weibchen aus dem Nest getragen, ebenso tote Junge. Dagegen können ungeschlüpfte Eier noch längere Zeit im Nest liegenbleiben.

Das Schlüpfen erfolgt überwiegend vormittags. Die Abwesenheit des Weibchens (etwa durch Störung) verzögert den Vorgang infolge Untertemperatur. Vom Anpicken der Eischale bis zum Schlupf können 3 Stunden vergehen.

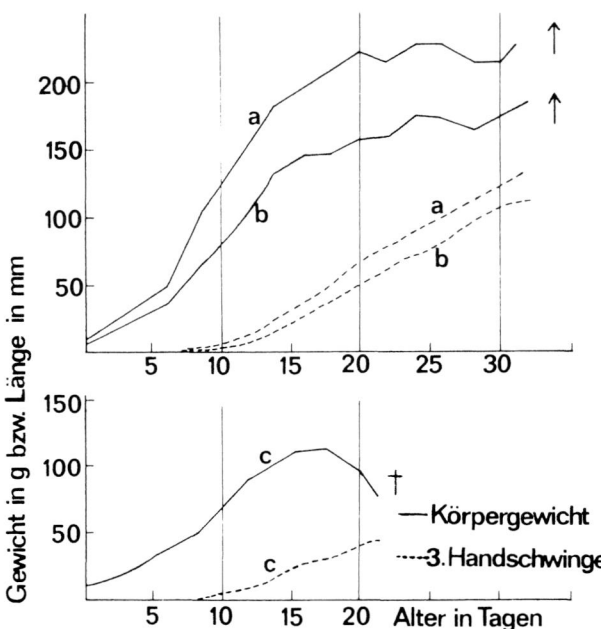

Abb. 59. Wachstum der Nestlinge. a, b zwei gesunde Junge (aus 5 Eiern 4 Junge geschlüpft, 2 ausgeflogen), c nicht lebensfähiges Junges (aus 6 Eiern 5 Junge geschlüpft, 1 ausgeflogen). ↑ ausgeflogen, † gestorben. Nach Zimmermann 1951

Mit etwa 6 Tagen beginnt die rosige Haut grau zu werden. Mit 7 bis 8 Tagen sind die ersten Schwingen durchgestoßen, und mit 10 Tagen ist der ganze Jungvogel grau, denn das Wachstum der Federkiele ist nun in vollem Gange. Eine der von Heinroth (1966) aufgezogenen nestjungen Dohlen zeigte folgendes Wachstum:

Alter	7 Tage	9 Tage	11 Tage	19 Tage	27 Tage
Flügel	26 mm	40 mm	53 mm	118 mm	162 mm
3. Schwinge	1,5 mm	5,5 mm	12 mm	61 mm	105 mm
Schwanz	–	1 mm	4 mm	35 mm	72 mm

Das Wachstum der 3. Handschwinge kann jedoch nur bei entsprechender Gewichtszunahme als Indikator für eine positive Gesamtentwicklung betrachtet werden, denn die Schwingenentwicklung setzt sich auch dann noch linear fort, wenn dem jungen Vogel der Tod bevorsteht. Auch Einbrüche in der Gewichtsentwicklung gesunder Jungdohlen wirken sich nicht auf die Schwingenentwicklung aus, was Zimmermann (1951) für beide Sachverhalte am Wachstum der 3. Handschwinge nachweist.

Mit 12 Tagen beginnt die Augenöffnung, mit 14 Tagen sind sie halb und mit 17 Tagen ganz offen. Die Jungen werden vom Dohlenweibchen vom Schlüpfen an gehudert bis etwa zum 16. Tag. Während der ersten Woche wurde das hudernde Weibchen nach eigenen Beobachtungen vom Männchen gefüttert. Danach nimmt das Männchen an der Fütterung der Jungen teil. Die Gewichtsentwicklung von 4 Nestgeschwistern (Heuckewalde, Nest 11) zeigt Tabelle 9.

Tabelle 9. Entwicklung des Körpergewichtes von 4 Nestgeschwistern aus der Kolonie Schloß Heuckewalde. Orig.

Alter	Gewicht der Nest-geschwister 1–3 (g)	4.Jungdohle, 2 Tage jünger (Gewicht in g)
1 Tag	11,5, 11,0, 10,5	
7 Tage	60, 60, 55	37
10 Tage	102, 100, 88	64
12 Tage	124, 115, 94	80
14 Tage	140, 125, 100	92
17 Tage	205, 180, 155	146
19 Tage	195, 190, 165	160
23 Tage	210, 210, 195	190
26 Tage	235, 235, 230	226

Junge Dohlen reagieren schon im Alter von 4 bis 5 Tagen auf akustische Reize, die nicht von ihren Eltern stammen. Klopfte ich mit dem Fingerknöchel gegen die Bretter des Turmdaches (um sie zum Sperren zu veranlassen), so reagierten sie auf diese dumpfen Laute überhaupt nicht. Legte ich jedoch einen harten Gegenstand (Brille, Fotozubehör) auf die hölzerne Sitzfläche eines Stuhles, so sperrten sie sofort. Sie reagieren auf „harte" Geräusche. Ihr Gehör ist also auf eine höhere Frequenz eingestellt. Dies gilt auch für die Rufe der Eltern bzw. zunächst für die der Dohlenmutter. Erscheint sie am Nesteingang mit nur mäßig lautem „kiuck", so ist dies nur ein Vorsignal für die Jungen: „Ich bin da!" Die Jungen rühren sich noch nicht. Nähert sich der Altvogel dem Nest und ruft mit einem harten „gack!" – sofort sperren die Jungen laut piepsend und werden gefüttert.

In den ersten Lebenstagen werden die Jungen intensiv vom Weibchen gehudert. An kühlen Maitagen bleibt das Dohlenweibchen stundenlang auf den Jungen sitzen und überläßt dem Männchen die Nahrungssuche. Ich sah oft, wie das hudernde Weibchen vom Männchen gefüttert wurde, nachdem dieses sich mit relativ leisem „gock" oder auch „gruieet" angemeldet hatte. Sollten die Jungen gefüttert werden, kam das Männchen dicht an das Nest, rief „gack!", worauf sich die sperrenden Jungen erhoben und das Weibchen zur Seite rückte.

Die Fütterungsfrequenzen können sehr unterschiedlich sein und sind kaum über die Tagesaktivität gleichmäßig verteilt. Auch von Nest zu Nest treten große Differenzen auf. An dem einen Nest herrscht z. B. Hochbetrieb, und im Abstand von 3 bis 7 Minuten wird gefüttert. Im Nachbarnest mit gleichaltrigen Jungen von etwa 18 Tagen kann dagegen zur gleichen Zeit eine Stunde Ruhe herrschen. Aber am nächsten Tag kann es umgekehrt sein – die Aktivitäten erscheinen dann wie vertauscht.

Die Altvögel tragen fast immer das für die Jungen bestimmte Futter im Kehlsack heran. Aber sie können zuweilen soviel Futter aufnehmen, daß sie den Schnabel nicht mehr schließen können. Hauptsächlich gegen Ende der Nestlingszeit sieht man die Altvögel, die Futterbrocken offen im Schnabel tragen, auch über größere Entfernungen. In Estland sah v. Ringleben (1944) Brutdohlen, die Futter in der Schnabelspitze trugen, was von Zimmermann (1951) bezweifelt wird, wahrscheinlich zu Unrecht. Vielleicht erlaubt das fortgeschrittene Entwicklungsstadium juveniler Dohlen den Altvögeln, auf die weitere Vorweichung und Vorwärmung des Futters im Kehlsack zu verzichten? Ich sah z. B. am 5. Juli 1986 mehrmals Brutdohlen an der Rudelsburg, die mit Futterbrocken im Schnabel zu ihren ausgeflogenen Jungen flogen.

In der Pflege der Jungen durch die Altvögel stimmen meine Beobachtungen mit denen von Zimmermann nur teilweise überein. Daß das ♂ die Jungen jemals hudert, konnte auch ich nicht beobachten, so daß es hier Übereinstimmung gibt. Daß aber vom 10tägigen Alter an nur noch das ♂ füttern soll und das ♀ nie Futter zuträgt, diese Feststellung von Zimmermann kann ich nicht bestätigen. Es ist kaum anzunehmen, daß Dohlen von Zürich und Heuckewalde in ethologischer Hinsicht verschiedene Varietäten bilden; es können solche Unterschiede voraussichtlich nur der individuellen Variabilität des Verhaltens zugeschrieben werden, wie sie Lorenz (1931) an manchen Beispielen aufgezeigt hat.

In der Kolonie Heuckewalde werden 12 Tage alte Junge im Regelfall in folgender Weise von den Altvögeln versorgt: Beide Brutvögel kommen an den Nesteingang im Gemäuer. Das ♂ geht zuerst zum Nest und füttert die Jungen, tritt dann etwas zur Seite. Nun kommt das ♀, füttert ebenfalls und setzt sich zum Hudern auf die Jungen. Das ♂ schlüpft zum Nesteingang hinaus, fliegt aber in vielen Fällen nicht allein ab, sondern wartet im oder am Nesteingang, manchmal auch außen am Gemäuer. Nach 5 bis 8 Minuten Huderzeit steht das ♀ von den Jungen auf, beäugt das Nest, bückt sich tief in die Nestmulde und nimmt Kotballen mit etwas Nistmaterial auf, was beim ♂ nie zu beobachten war. Das nun vom Nest gehende und abfliegende ♀ wird vom ♂ begleitet zu erneuter Futtersuche.

Zum Füttern dreht der Altvogel den Kopf um 90 ° und senkt so den Schnabel in den Rachen des Jungen. In den meisten Fällen wurden bei einer Fütterung 1 bis 2, selten einmal 3 Junge gefüttert.

Wurde ein Dohlenweibchen beim Hudern (mit Blitzlicht) fotografiert, verließ es stets fluchtartig das Nest, kam aber in vielen Fällen nur bis zum Nesteingang im Gemäuer. Zögernd kehrte die Dohle zurück, bis sie sich in etwa 40 cm Entfernung vom Nest niedersetzte, wo sie mit den gleichen Bewegungen wie beim Nestbau eine provisorische Mulde ausdrehte und hier „huderte". Blieb die Dohle hier von jeglicher Belästigung verschont, verebbte diese Triebhandlung nach weniger als 5 Minuten, und der Vogel wechselte über in sein richtiges Nest zum echten Hudern der Jungen.

Nach jeder Fütterung ohne anschließendes Hudern schmiegen sich die Jungen wieder fast dachziegelartig eng aneinander, sich gegenseitig wärmend. An jungen Kamindohlen (im Alter von 16 Tagen und später) sah ich, daß sie eine „Wärmepyramide" bildeten, was sich aus der Zugluftwirkung nach dem Öffnen des Kaminreinigungsschiebers erklären läßt.

Das bei freibrütenden Corviden gelegentlich beobachtete Auseinanderstreben der Nestjungen zum Zweck der Abkühlung, also mit den Schnäbeln nach außen zum Nestrand zeigend, kommt bei Dohlen kaum vor, da durch den Neststand in den meist zugigen Mauerlöchern, die nie von direkter Sonneneinstrahlung erreicht werden, kein Hitzestreß auftreten kann.

Besonders in den ersten beiden Wochen fallen die Jungen oft in tiefen Schlaf, und man hört von Zeit zu Zeit (immer nur von jeweils einem Jungen) einmal ein leises „üp".

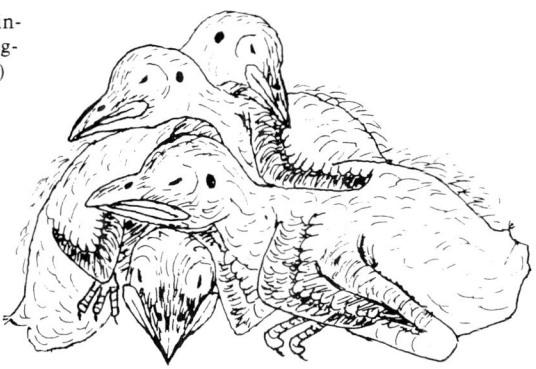

Abb. 60. „Wärmepyramide" junger Kamindohlen, die sich in dieser Stellung vor Zugluft (nur bei geöffnetem Kaminverschluß) zu schützen suchen. Orig.

Ihre Atemfrequenz im Alter von 13 Tagen beträgt 56/min, mit 31 Tagen 40/min (liegend im Ruhezustand). Deckte ich meine Hände wärmend über die Jungen, sperrten sie meist nicht nach Futter. Das gleiche beobachtete ich, wenn sich das Weibchen zum Hudern auf die Jungen setzte. Nahm ich ein Junges in die wärmenden Hände, sperrte es auch nicht, sondern drückte sich mit langgestrecktem Hals in die Hand. Setzte ich ein Junges auf die Waage (etwa 16 bis 20 Tage alt), drehte es sich sofort, meist rechts herum, wärmesuchend nach den Nestgeschwistern. Die Wärme ist ihnen in der Phase der beginnenden bis weit in die fortgeschrittene Gefiederentwicklung wichtiger als die Nahrung. Ihre thermische Reaktionsfähigkeit ist etwa vom 12. Tage an so entwickelt, daß sie beim Einschalten von zwei 500 W-Lampen (für Filmaufnahmen) spontan in die Höhe schießen und laut schreiend nach Futter sperren.

Werden junge Dohlen zum Wiegen o. ä. aus dem Nest genommen, so wird mit zunehmendem Alter (etwa ab 23. Tag) auch mehr Widerstand geleistet. Hat man sie aber erst einmal in den Händen, so geben sie sofort ihren Widerstand auf und drücken sich wärmesuchend gegen den fremden Körper. Sie schlafen in dieser Stellung auch ein.

Von 20 Tage alten, schlafenden Jungen hörte ich schnarchende und rasselnde Atemgeräusche. In diesem Alter können junge Dohlen zeitweise die Nestmulde verlassen. Sie entfernen sich bis etwa 50 cm weit, laufen noch auf den Fersengelenken, setzen Kotballen außerhalb der Nestmulde ab, putzen sich oft, recken die Flügel, machen auch Flugbewegungen und finden sich wieder in der Nestmulde zusammen.

Das von mir wiederholt in die Nesteingänge gelegte Zusatzfutter (gekochte Makkaroni, gekochtes Fleisch, Weißbrot) wurde von manchen Altvögeln gierig aufgenommen und im Schnabel (nicht im Kehlsack!) den Jungen gebracht, wobei die Alten manchmal mehrmals hin- und herliefen.

Im Alter von 23 Tagen leisten junge Dohlen erheblichen Widerstand, entfliehen in dunkle Ecken und krallen sich im Nistmaterial fest, wenn sie gegriffen werden. Die Umgebung der Nestmulde ist zu dieser Zeit mit nassen Kotballen „übersät", wenn dies für 10 bis 12 Kotballen gelten darf. Dies deckt sich nicht mit den Beobachtungen von Zimmermann (1951), der von bemerkenswerter Nesthygiene spricht. Wahrscheinlich bedingt durch die schmierige Konsistenz der Kotballen nehmen die Altvögel beim Wegtragen zugleich etwas Nistmaterial mit auf, was Zimmermann und Lorenz (1931) übereinstimmend beschreiben.

Mit 25 Tagen hat die Gefiederentwicklung die nackten Stellen zwischen Hals und Flügelarm noch nicht erreicht. Diese werden sichtbar, sobald der Vogel die Flügel streckt. Auf dem Bauch steht erst ein schmaler Gefiederstreifen, von der Brust in einem schmalen Streifen beginnend und zum Bauch und zur Afterpartie sich verbreiternd.

Mit 29 Tagen stehen die Jungen gut und stabil auf den Füßen. Zuweilen wagt sich der eine oder andere Jungvogel bis vor an den Nesteingang, aber sie sperren nicht hinaus, wie es z. B. vom Star und Grünspecht bekannt ist. Wird in dieser Zeit, etwa durch verspätete Beringung (oder zum Wiegen und Messen), nach den Vögeln gegriffen, stürzen sie unweigerlich in die Tiefe und sind verloren. Zur Vermeidung solcher Verluste ist es nützlich, rechtzeitig eine aus sicherem Versteck durch Fadenzug o. ä. zu bedienende Klappe anzubringen (die aber auf keinen Fall unkontrolliert schließen darf!), wie sie auch für Turmfalkenbruten sehr zu empfehlen ist (Dwenger 1984).

Wenn es als gesichert anzusehen ist, daß fast flügge Dohlen aus Gebäudebruten nicht wie z. B. Stare zum Mauerloch hinaussperren, so bietet sich ein Vergleich zu Baumhöhlenbrütern an. Dabei ergab sich in Dessau (Platanen am Rondell), daß bei diesen ebenfalls keine sperrenden Jungvögel an den Fluglöchern zu sehen waren (Kontrollen am 31. 5. und 9. 6. 1986 durch H. Hampe, briefl.). Auch diese Altvögel fütterten bis zuletzt im Innern der Höhlen. In diesem Verhalten scheinen sich also Gebäude- und Baumhöhlenbrüter völlig zu gleichen.

Heinroth (1966) nennt ein Alter von „gut 5 Wochen für die volle Flugfähigkeit". Haben die jungen Dohlen ein Alter von 35 Tagen erreicht, verstärken sie ihre Flugübungen und flattern fast ständig in den Nischen und Löchern des Gemäuers. Die alten Dohlen hängen oft draußen und lauschen nach ihren Jungen. Das Ausfliegen kann sich über mehrere Tage erstrecken, was auch Zimmermann feststellte. Ob die Ältesten zuerst ausfliegen, erscheint ungeklärt. Vielleicht sind es die Stärksten, die den ersten Abflug wagen. In Heuckewalde fand ich gesunde Jungdohlen im Nesteingang, die 38 bis 40 Tage alt waren.

Solange noch eine junge Dohle im Nesteingang steht, entfernt sich die Familie nicht, sondern wartet unter Umständen tagelang ab, bis auch das letzte Junge ausgeflogen ist.

11.6. Die Dohlenfamilie nach dem Ausfliegen der Jungen

Das Ausfliegen der jungen Dohlen erfolgt in den meisten Brutgebieten um den 10. Juni. In Baumkolonien vollzieht es sich für uns meist unauffällig, und in den dichtbelaubten Baumkronen sind signifikante Beobachtungen kaum möglich. Wo in unmittelbarer Nähe von Gebäudebrutplätzen hohe Bäume stehen, sind diese ebenfalls das erste Flugziel der Jungdohlen, und kurze Entfernungen von 10 bis 20 m werden meist auf Anhieb bewältigt. Wo sich jedoch erst in größerer Entfernung die ersten Bäume bzw. ein Solitärbaum befindet, stehen Jungdohlen vor größeren Gefahren. Abgestürzte oder sonstwie zu Boden gegangene Jungdohlen sind ohne menschliche Hilfe oftmals verloren.

Über das Sozialverhalten wilder Dohlen beim Ausfliegen (und der Rettung) ihrer Jungen sind in der Literatur kaum Beiträge zu finden, weshalb einer Beobachtung vom Juni 1986 am Bergfried von Schloß Neuenburg (Freyburg/Unstrut) von A. Berger

Abb. 61. Zeichnerische Rekonstruktion vom Ausfliegen einer Jungdohle (Bildmitte, mit geöffnetem Schnabel) und der sie begleitenden Altdohlen, die den drohenden Absturz der Jungdohle zu verhindern suchten und diese in 20 m Höhe zur nächsten Baumgruppe geleiteten. Schloß Neuenburg (Bergfried), Freyburg/Unstrut, Juni 1986. Nach Angaben und Entwurf von A. Berger. Zeichnung: I. v. Hopffgarten

(mündl. u. briefl. Mitt.) besondere Bedeutung zukommt: Die Nistlöcher befinden sich in 20 m Höhe, wo 5 Altdohlen am Mauerwerk festgekrallt hingen und pausenlos erregt riefen. In der näheren Umgebung (Wehrmauer, Gebäude) saßen weitere 10 bis 14 Altdohlen, die ebenfalls erregt riefen. Die erste Jungdohle ist dann vermutlich von den Nestgeschwistern hinausgedrängt worden, da sich dem überstürzten Abflug eine flatterige Trudelbewegung anschloß, worauf sofort die 5 Altdohlen den Jungvogel unterflogen. Dann kamen noch weitere 5 Altdohlen hinzu, so daß die alten Dohlen in dieser Anzahl auf engstem Raum eine tragfähige „Ebene" bildeten, so daß die Jungdohle nicht abstürzen konnte und wohlbehalten den ersten, in 40 m Entfernung stehenden Baum erreichen konnte. Dieser außergewöhnliche Vorgang wiederholte sich nach einer halben Stunde mit der zweiten Jungdohle. Er verdeutlicht, wie sich Altdohlen mit ihrem hochentwickelten Sozialverhalten auch fremden Jungvögeln zuwenden.

Mit dem Ausfliegen der Jungen verlassen die Dohlenfamilien ihre Brutplätze. Nach Zimmermann (1951) verlassen 1 bis 2 Wochen später auch die Nichtbrüter diese Plätze, so daß für einige Wochen die Kolonien verwaist sind. Die Dohlenfamilien bleiben zunächst beisammen, denn die Jungen sind auf die elterliche Führung angewiesen (Lorenz 1931) und werden noch etwa 4 Wochen lang von den Eltern gefüttert. Die Auflösung der Familien dürfte etwa mit der 5. Woche nach dem Ausfliegen einsetzen. Riggenbach (1951) sah noch am 12. Juli 1939 in der Nähe von Schloß Bechstein bei Oensingen/Schweiz Altdohlen mit ihren Jungen auf einer Wiese weiden, als andere Altdohlen bereits regelmäßig morgens wieder das Schloß (den Brutplatz) aufsuchten.

Etwa in der ersten Augustdekade kehren die Altdohlen an ihre Brutplätze zurück, wenn auch oftmals nicht vollzählig und nur für wenige Stunden täglich. Daß auch die diesjährigen Jungdohlen an ihren Geburtsort noch im gleichen Sommer zurückkehren, ist nicht die Regel und nur gelegentlich oder selten zu beobachten. Die Jungdohlen können nach der Auflösung des Familienverbandes Strecken von 500 bis 1000 km zurücklegen, was durch Fernfunde beringter Jungdohlen nachgewiesen wurde (siehe Abschnitt 16.3.).

11.7. Nachgelege, Zweitgelege

Zweitgelege, also ein zweites Gelege nach erfolgter Jungenaufzucht aus der ersten Brut, sind bei Dohlen ausgeschlossen und stehen außerhalb der Diskussion. Es bleibt die Frage der Nachgelege. Naumann (1905) äußert sich nicht zu Nachgelegen. Witherby et al. (1949) schreiben: One brood (was für unseren Sprachgebrauch nicht eindeutig ist!) – für *C. m. spermologus* wie für *C. m. monedula* geltend. Bei Makatsch (1976) ist zu lesen: Eine Brut; Nachgelege bei Verlust des Geleges. Auch Stubbe (1983) schreibt: Eine Jahresbrut, bei Verlust der Eier Nachgelege. Niethammer (1937) schränkt die Möglichkeit für Nachgelege schon etwas ein: Nachgelege wird nur dann gezeitigt, wenn das Gelege bis spätestens mit Ablage des letzten Eies zerstört wird, später nicht mehr (zit. Stieve 1918). Für die Dohlen der Schweiz ist bei Glutz v. Blotzheim (1964) zu lesen: „Nur eine normale Jahresbrut. Bisher konnte nach Verlusten noch kein sicherer Nachweis für eine Ersatzbrut erbracht werden."

Zimmermann (1951) fand nie einen Hinweis auf Nachgelege. Keines der von ihm am Großmünster Zürich kontrollierten Dohlenpaare, deren Gelege oder Brut zugrunde ging, ist zu einer Nachbrut geschritten. Der Bericht von Mayaud (1933), daß es sich bei den von ihm am 17. Mai 1925 gefundenen zwei Dohlengelegen (im Departement Indre-et-Loire/Frankreich) um Nachgelege handeln könnte, beruht auf einer Vermutung. Ein von W. Thieme (Mskr.) auf dem Kamenzer Kirchturm kontrolliertes Gelege mit 4 Eiern war sogar erst am 23.6.1980 vollzählig. Dennoch ist mit dieser späten Brut kein Nachgelege erwiesen.

Nach über zehnjährigen Kontrollen in der Dohlenkolonie Jena-Göschwitz hat sich niemals ein Nachweis für Nachgelege ergeben (Dr. Peter briefl.). Bei eigenen Kontrollen über 10 Jahre in der Kolonie Heuckewalde gab es zwar verlassene Gelege, aber keine Nachgelege. Es ist auch aus keiner avifaunistischen Abhandlung der DDR ersichtlich, daß jemals Nachgelege festgestellt wurden.

Möglicherweise haben die Darstellungen von Stieve (1918), die im Verhältnis zur Gelegegröße viel höhere Anzahl der alljährlich heranwachsenden Follikel betreffend, manche Autoren veranlaßt, Nachgelege bei der Dohle anzunehmen. Auch die experimentellen Versuche von Stieve, Dohlen durch Wegnahme von Eiern zum Weiterlegen zu reizen (bis 18 Eier!), können dazu beigetragen haben. Laven (1940) führt u. a. auch Versuche von Kreymborg (1911) an der Elster an (Höchstzahl 21 Eier, dann Vogel tot auf den Eiern).

Stresemann (1927/1934) beschreibt die Vorgänge im Ovar der Dohle: „... Nach der Ablage aller Eier des Geleges erfolgt eine außerordenltich rasche Rückbildung der noch verbliebenen größeren Follikel, die durch einen Zerfall des Chromatingerüstes des Oozytenkernes eingeleitet wird, so daß bei der Dohle das Ovar schon am 21. Bruttag das gleiche Aussehen wie im Herbst besitzt. Die geplatzten Follikel, die zunächst als schlaffer, leerer Sack erscheinen, sind schon nach 10 bis 12 Tagen soweit abgebaut, daß sie makroskopisch nicht mehr sichtbar sind".

Ein erforderliches Nachgelege beansprucht somit für die Reifung der winzigen Follikel und damit bis zur Ablage des ersten Eies eine größere Zeitspanne, so daß es wegen der Rückbildung schließlich nicht mehr zum Nachgelege kommen kann.

Dennoch existiert ein neuerer Nachweis (?) bei Mildenberger (1984) für das Rheinland, wo in vier Fällen Ersatzgelege nach Verlust der Erstgelege nachgewiesen wurden, leider ohne Hinweis auf Orte, Daten, Namen der Gewährsleute.

11.8. Adoptionen

Unter Adoption wird die Annahme fremder Kinder verstanden, auch die Annahme von Jungen anderer Arten. In der Vogelkunde kann die Adoption zuweilen schon mit der Eierentnahme aus einem sehr starken (evtl. auch Aufteilung eines verlassenen) Geleges beginnen. Zählt z.B. das eine (vollständige) Gelege 3 Eier, ein anderes 7 Eier, wäre die Entnahme von 2 Eiern aus dem großen Gelege und die „Aufstockung" des kleineren Geleges evtl. in Erwägung zu ziehen, um eine möglichst verlustarme und gleichmäßige Entwicklung der Dohlenbruten zu erreichen. Mit dieser Manipulation ist für das größere Gelege kaum ein Risiko verbunden, denn der Brutvogel brütet mit hoher Wahrscheinlichkeit auf fünf Eiern weiter wie vorher auf sieben. Das Risiko liegt stets beim ergänzten Gelege, denn hier ergibt sich für den Brutvogel eine neue, ungewohnte Belastung der gesamten Unterseite. Es stellt sich ein neues „Sitzgefühl" ein, das möglicherweise in der sensiblen Phase der Bebrütung nicht kompensiert werden kann und zum Verlassen des Nestes führt. Deshalb wird der vorsichtige Ornithologe zunächst nur ein Ei hinzufügen und abwarten. Wurde das zusätzliche Ei angenommen, kann das nächste Ei untergeschmuggelt werden.

Der Anlaß zur echten Adoption, also die Annahme fremder Junge an Kindes Statt, kann sich aus der sehr ungleichen Anzahl junger Dohlen in den Nestern ergeben. Befindet sich z. B. in einem Dohlennest infolge von Brutverlusten nur noch ein Junges, könnte sich aus dessen Tod die Aufgabe des Brutplatzes für das nächste Jahr ergeben. Setzt man nun aus einem stark besetzten Brutnest (fünf oder sechs Junge) ein bis zwei Junge um, wird das Risiko der Brutplatzaufgabe umgangen und zugleich ein brutbiologisch sinnvoller Ausgleich geschaffen. Nach eigenen Erfahrungen gelingen Adoptionen mit Sicherheit, wenn die Jungen etwa gleichaltrig und nicht älter als etwa 16 Tage sind. Sollen mehrere Junge in ein unterbesetztes Nest umgesetzt werden, ist ebenfalls abzuwarten, ob das zuvor umgesetzte Junge tatsächlich adoptiert wurde und gefüttert wird. Sind junge Dohlen älter als 16 Tage, etwa schon 23 Tage alt, ist die Prägung auf ihr Geburtsnest schon vorangeschritten. Sie leisten Widerstand, sind scheu und verkriechen sich in dunkle Ecken, so daß dem Beobachter ein höheres Maß an Kontrolle und Aufmerksamkeit abverlangt wird. (Die Empfehlung, Nestlinge relativ frühzeitig zwecks Adoption umzusetzen, bezieht sich hier nur auf Dohlen. Bei der Umsetzung anderer Vogelarten sind deren Brut- und Ernährungsbiologie sowie spezielle Verhaltensweisen zu berücksichtigen.)

Nach Lorenz (1931) kommen bei Dohlen auch ohne menschlichen Einfluß Adoptionen zustande, diese allerdings in der Gefangenschaft, wenn auch an freifliegenden Vögeln beobachtet. Lorenz' Dohle Tschock (♀) adoptierte im Alter von einem Jahr die junge Dohle Linksgelb an Kindes Statt. Es erscheint aber unsicher und daher ungeklärt, ob Adoptionen auch unter wildlebenden Dohlen vorkommen.

12. Populationsentwicklung

Für die Populationsentwicklung einer Kolonie sind zunächst Zustand und Lage der Brutplätze entscheidend. Nicht minder wichtig ist, ob abiotische Einflüsse hier zerstörend wirken können. Sinngemäß gilt dies auch für anthropogene Einwirkungen wie Baumaßnahmen, Renovierungen und Verschließen von Einfluglöchern. Aber selbst ohne solche destruktiven Einflüsse können kleine wie große Kolonien unaufhaltsam ihrem Untergang entgegengehen durch eine sich stetig abschwächende Populationsdynamik. Auf diese Entwicklung hat der Anteil der Nichtbrüter großen Einfluß. Diese stellen ein Reservoir dar, aus dem ständig neue Brutvögel hervorgehen, so daß die durch Überalterung und Tod entstehenden Lücken aufgefüllt werden können. Dieser Anteil sollte mindestens 30 % betragen. Ein noch höherer Anteil ist nur von Vorteil.

12.1. Verluste während der Brutzeit

Die Verluste sind allgemein hoch. Zimmermann (1951) stellte neben Sterilität der Eier auch eine erhebliche Frühsterblichkeit der Jungen fest, die bereits bei den Embryonen beginnt. In einigen Fällen ergab sich Sterilität an zuerst gelegten Eiern. Zimmermann vermutet, daß diese ersten Eier infolge vorausgeeilter Entwicklung der Befruchtung bereits „entwachsen" waren. Nach mehrjährigen Kontrollen an gekennzeichneten ersten Eiern in Heuckewalde kann ich eine solche Ursache der Sterilität jedoch nicht bestätigen.

Zimmermann fand von 126 Eiern aus 27 Gelegen 14 Eier (11 %) unbefruchtet. Von 17 Bruten ermittelte er die folgende Frühsterblichkeit:

22 Junge (55 %) starben im Alter von 0 bis 4 Tagen
9 Junge (22,5 %) starben im Alter von 5 bis 10 Tagen
2 Junge (5 %) starben im Alter von 10 bis 20 Tagen
7 Junge (17,5 %) starben im Alter von mehr als 20 Tagen, aber noch im Nest.

Diese hohe Sterblichkeit entspricht 2,35 tote Junge pro Brut. Zimmermann erwähnt ein Sechsergelege dieser Kolonie (Zürich), dessen Eier alle befruchtet waren. Es gelang aber keinem Jungen, die Eischale zu sprengen. Insgesamt betrugen die Verluste dieser Brutsaison (1949) etwa 71 %, denn aus 159 kontrollierten Eiern kamen nur 46 Junge zum Ausfliegen. Nach dem Ausfliegen gingen nochmals einige Jungdohlen zugrunde, so daß schließlich kaum 40 Jungdohlen am Leben blieben. Zimmermann weist auf die von Jahr zu Jahr stark schwankende Mortalität der nestjungen Dohlen hin (Ursache: Witterung?). Im Folgejahr 1950 war diese nur gering: bis 17. Mai in 15 Nestern insgesamt 9,4 % Verluste.

Nach Lockie (1955) und Owen (1959) ergeben stärkere Gelege der englischen Dohlen im Mittel absolut mehr flügge Junge als schwächere Gelege. Größere Gelege bieten somit mehr Sicherheit in bezug auf Verluste. Für die Berechnung des Bruterfolges ist jedoch zuletzt nicht die Anzahl der Eier, sondern die ausgeflogenen Jungen pro Brutpaar maßgeblich. Hat z. B. ein Brutpaar 7 Eier im Nest und 4 Junge fliegen aus, so ist der Verlust mit 43 % hoch, aber mit 4 ausgeflogenen Jungen ist das Brutergebnis sehr gut!

Vermutlich ist der Bruterfolg in kleineren Kolonien im Durchschnitt höher als in größeren Kolonien. Der Vergleich verschiedener Kolonien scheint diese Vermutung zu bestätigen (Tabelle 10). Das relativ schlechte Ergebnis in Heuckewalde 1985 ist auf die erstmalige Verwendung von Glaswolle beim Nestbau zurückzuführen, wodurch ein Gelege verlassen wurde.

Folgende Verlustursachen fand W. Thieme (briefl. Mitt.): viele unbefruchtete Eier, eine gewisse Dünnschaligkeit (welche gemessenen Werte? Verf.), und tote Junge zeigten Erstickungserscheinungen, so daß der Verdacht auf Düngergranulate im Futter aufkommt. W. Thieme fand auch in Elsternestern tote Junge, die etwa 10 Tage alt waren und mit weit aufgerissenen Schnäbeln und gerötetem Rachenraum im Nest lagen, vermutlich erstickt. 1984 fand Thieme in einem Dohlennest auf dem Kamenzer Kirchturm 4 fast flügge Junge, die die gleichen Symptome wie die toten Elstern zeigten. Da aber keine Untersuchung der Elstern und Dohlen erfolgte, kann die Vermutung auf granulierten Dünger nicht gestützt werden.

Lockie (1955) nennt als Hauptursache für die Mortalität nestjunger Dohlen (und Saatkrähen) den Hunger. Das ist nicht ganz verständlich, denn in den Dohlennestern gehen besonders in den ersten 2 bis 3 Tagen relativ viele Junge zugrunde, obwohl sie in diesem Alter nur sehr wenig Nahrung benötigen.

Verluste während der Brutzeit können auch dadurch auftreten, daß nistende Dohlen durch eine andere Corvus-Art am Brutplatz gestört oder sogar von hier vertrieben werden, was Simmons (1951) zum interspezifischen Revierverhalten zählt. So beobachtete Kuhk (1931) ein Nebelkrähenpaar, das in 80–100 m Distanz vom eigenen Nest

Tabelle 10. Bruterfolg in verschiedenen Dohlenkolonien (*-Wert bezieht sich nur auf beringte Individuen)

Ort	Jahr	Gelege	Eier	ausgefl. Junge	Junge/ BP	Quelle
Zürich	1949	38	159	46	1,21	Zimmermann
	1950	42	180	85*	2,00*	(1951)
Jena-Göschwitz	1973	23	?	25	1,08	Rudat (1974)
	1981	29	?	52	1,79	Krüger (1985)
	1985	32	?	90*	2,81*	Zaumseil
	1986	47	?	139*	2,95	Peter
Kamenz	1980	6	26	12	2,16	Thieme
	1981	7	38	25	3,37	
Heuckewalde	1978	9	44	28	3,11	Dwenger
	1979	10	?	30	3,00	
	1980	8	41	26	3,25	
	1981	9	42	26	2,88	
	1982	8	?	25	3,12	
	1983	9	?	31	3,44	
	1984	9	42	30	3,33	
	1985	8	43	24	3,00	
	1986	11	?	36	3,27	

keine Dohlen duldete und einem Brutpaar die Inbesitznahme seines Nistplatzes verwehrte.

Dohlen tragen ihre sterbenden oder toten Jungen bis zu einem gewissen Stadium der Jugendentwicklung, etwa bis zum 16. (20.?) Tag, aus dem Nest. Es gibt keinen Hinweis auf Kronismus, wie er vom Weißstorch bekannt ist (Wittenberg 1968, Makatsch 1951 u.a.). Unter Kronismus ist das Töten und Verschlingen der eigenen Jungen zu verstehen (Schüz 1957) und ist beim Weißstorch auf kranke Junge beschränkt (Schüz 1957, Petzold 1958, Jovetić 1961), weshalb Winne-Edwards (1962) im Kronismus theoretisch eine natürliche Regulation der Populationsdichte erblickt. Allerdings gibt es Hinweise, daß Kronismus häufiger bei in Gefangenschaft brütenden Vögeln vorkommt (Goodwin 1956) und hier als Verhaltensabweichung angesehen wird.

Für den interspezifischen Nestraub gibt es für die Dohle keinen Nachweis, im Gegensatz zu Eichelhäher (Goodwin 1956), Nebelkrähe (Olstad 1935) und Rabenkrähe (Wittenberg 1968). Hinweise auf Brutvernichtung durch die eigenen Eltern liegen unter natürlichen Umständen von Rabenvögeln nicht vor (Wittenberg 1968).

12.2. Verluste nach dem Ausfliegen und Todesursachen

Als Kolonie- und Schwarmvögel erlangen Dohlen viel später ihre Selbständigkeit als z.B. Elstern. Die große Abhängigkeit der Dohlen von der elterlichen Führung drückte sich bei Lorenz (1931) darin aus, daß „... ein ungeheuer hoher Prozentsatz verunglückte". Sobald Lorenz (1971) drei oder vier Jungdohlen gleichzeitig freiließ, kam es zu der gefährlichen Erscheinung, daß diese Vögel beieinander Führung suchten. Jedes trachtete danach, dem anderen zu folgen. So gerieten sie ziellos und richtungslos in die Höhe, verirrten sich und gingen verloren.

Zu den Todesursachen abiotischer Art gehören im allgemeinen harte und schneereiche Winter, aber unter den Vogelverlusten des harten Winters 1956 wird die Dohle von Piechocki (1957) nicht genannt (400 verendete Vögel, davon 185 durch Kältetod). Auch an den Vogelverlusten des sehr harten Winters 1962/63 war nach Piechocki (1964) die Dohle offenbar nicht beteiligt (1288 verendete Vögel eingeliefert und untersucht). Unter den Corviden führt Piechocki Saatkrähen auf, die etwa bis Mitte Februar den strengen Winter ertrugen, dann aber an verschiedenen Orten stark abgemagert aufgefunden wurden. Es ist zu vermuten, daß die Dohle als Teilzieher rechtzeitig in die Winterquartiere nach SW abwanderte und so dem in der zweiten Dezemberhälfte einsetzenden harten Winterwetter entkommen ist. Die kritische Phase des Winters 1962/63 dauerte vom 18.12.1962 bis zum 4.3.1963, somit bestand eine Kälteperiode von 79 Tagen mit nahezu überall geschlossener Schneedecke, nach Scherhag (1963) handelte es sich um die drittstrengste Kälteperiode seit 223 Jahren im mittleren Raum BRD/DDR.

Gelegentlich werden Dohlen in winterlichen Krähenschwärmen auf der Jagd geschossen, während der gezielte Abschuß seltener vorkommt.

Vielleicht kommt unter den Todesursachen auch Herzschlag vor, denn J. Frank (briefl.) sah am 14.6.1985 in Geithain eine Altdohle tot vom Baum fallen. Äußere Verletzungen waren nicht festzustellen. Eine Beobachtung, über die Hilprecht (1974) berichtete, ist ähnlich zu deuten.

Todesursachen von Dohlen durch Vergiftungen waren bereits im vorigen Jahrhundert bekannt, was durch Liebe (1873) aus der Umgebung von Gera überliefert ist: „1871 ward ihre Zahl durch den Genuß vergifteter Feldmäuse sehr bedeutend reducirt".

In neuerer Zeit haben Vergiftungsaktionen gegen Krähenvögel stetig zugenommen. Haensel (1965) nennt die Ergebnisse einer solchen Aktion von Ende Oktober 1964 bei Fürstenwalde, wo mit gedrilltem Winterweizen gleichzeitig Hora-Giftgetreide offen ausgebracht wurde. Außer 29 Krähenvögeln (Saat- und Nebelkrähen, Dohle) gingen auch zwei Rebhühner zugrunde, insgesamt 76 Vögel. Eine Nachsuche ergab Ende März nochmals 140 Vögel, davon allein 112 Feldlerchen.

Das Personal des Naturkundemuseums Erfurt (Dr. Pontius briefl.) sammelte Ende Februar 1984 an einem Krähenschlafplatz an der ehemaligen Kiesgrube bei Ichtershausen/Kreis Arnstadt 45 Dohlen und 85 Saatkrähen, deren Tod auf eine illegale Vergiftungsaktion der LPG Pflanzenproduktion Rudisleben zurückzuführen war. Hier wurden Weizen und Mais mit dem Pflanzenschutzmittel „Dimethoat" getränkt und auf frischgepflügtem Acker ausgebracht zur Abwehr von Vogelschäden an Wintergetreidekulturen. Insgesamt wurden über 1000 Vögel getötet, darunter etwa 200 Dohlen (Thiele, im Druck).

Unter den Giften spielen auch Quecksilber-Präparate eine erhebliche Rolle (Eichler 1972). Urban u. Schifferli (1973) untersuchten in Ungarn heimische Vogelarten, in deren Körperfett unterschiedliche Mengen von DDT und dessen Metabolit DDE festgestellt wurden. An der Spitze steht der Graureiher (bis 106,05 ppm), gefolgt von Nebelkrähe (bis 80,60 ppm) und Saatkrähe (bis 61,30 ppm). Die Dohle gehörte nicht zu den untersuchten Arten, so daß die Kontaminierung nicht quantifiziert werden kann.

Es schließt sich die Reihe der Verkehrsopfer an. Hilprecht (1974) berichtet über tödliche Zusammenstöße von beringten Dohlen mit verschiedenen Fahrzeugen: 136 Ringvögel stießen mit Autos zusammen, 36 mit Eisenbahnen, 3 mit Flugzeugen, 3 mit Motorrädern, 1 mit einem Fahrrad. Nach Stage (1972) kommen Dohlenschwärme bzw. Dohlen in Krähenschwärmen sogar in Frage als Ursache für Flugzeugabstürze. Knorr (1956) beschreibt solche Katastrophen sowie akustische Abwehrmaßnahmen auf Flugplätzen durch Warnrufe bestimmter Vogelarten.

Außer den genannten Todesursachen können, wie bei vielen Passeres nachgewiesen, möglicherweise auch Schnabelanomalien zum Hungertod führen. Nach Nowak (1965) erhielt das Museum der Stadt Quedlinburg im April 1955 aus Halberstadt eine geschossene (?) Dohle, deren Unterschnabel 40 mm lang und nach rechts oben gebogen war. Trotz dieses „Kreuzschnabels" war der Vogel jedoch zur Nahrungsaufnahme fähig, denn er befand sich in gutem Ernährungszustand.

12.3. Höchstalter, Durchschnittsalter, Mortalität

Der Kolkrabe als größter Corvide scheint auch das höchste Alter zu erreichen, denn nach Gentz (1966) wurde ein Kolkrabe in Gefangenschaft 69 Jahre alt. Unter den wildlebenden Corviden steht nach 235 Ringfunden die Saatkrähe mit einem Höchstalter von fast 20 Jahren an der Spitze (Busse 1969). Zwischen der durchschnittlichen Lebenserwartung solcher Vögel, die das erste Jahr überlebten, und dem Höchstalter klafft eine erhebliche Spanne (s. Tabelle 11).

Polnische Dohlen haben im Vergleich zum europäischen Durchschnitt nach Busse (1963) eine geringere durchschnittliche Lebenserwartung, nämlich nur 2 Jahre, 3 Monate, 12 Tage (nach Auswertung von 60 Wiederfunden). Damit liegen polnische Dohlen um etwa 13 % unter dem europäischen Durchschnitt. Die Ursache könnte in härte-

Tabelle 11. Mortalität und Lebenserwartung europäischer Corviden aufgrund von Ringfunddaten. In Klammern: Zahl der einbezogenen Exemplare. Nach Busse 1969

Art	Mortalität im ersten Lebensjahr (%)		Durchschnittliche Lebenserwartung der Individuen, die das erste Jahr überlebten (Jahre-Monate-Tage)		Höchstalter nach Rydzewski (1978)	Überlebenschance für 5 Jahre (‰)
Pica pica	69,0	(425)	2−8−24	(125)	14−11−25	5
Corvus corax	63,5	(104)	2−2−21	(33)	−	−
Corvus corone	62,4	(1254)	2−9−15	(427)	14−8−12	40
Garrulus glandarius	60,7	(181)	3−3−16	(69)	17−11−4	71
Corvus frugilegus	54,0	(525)	3−5−28	(235)	19−11−6	79
Corvus monedula	45,5	(745)	2−7−14	(428)	14−3−8	53

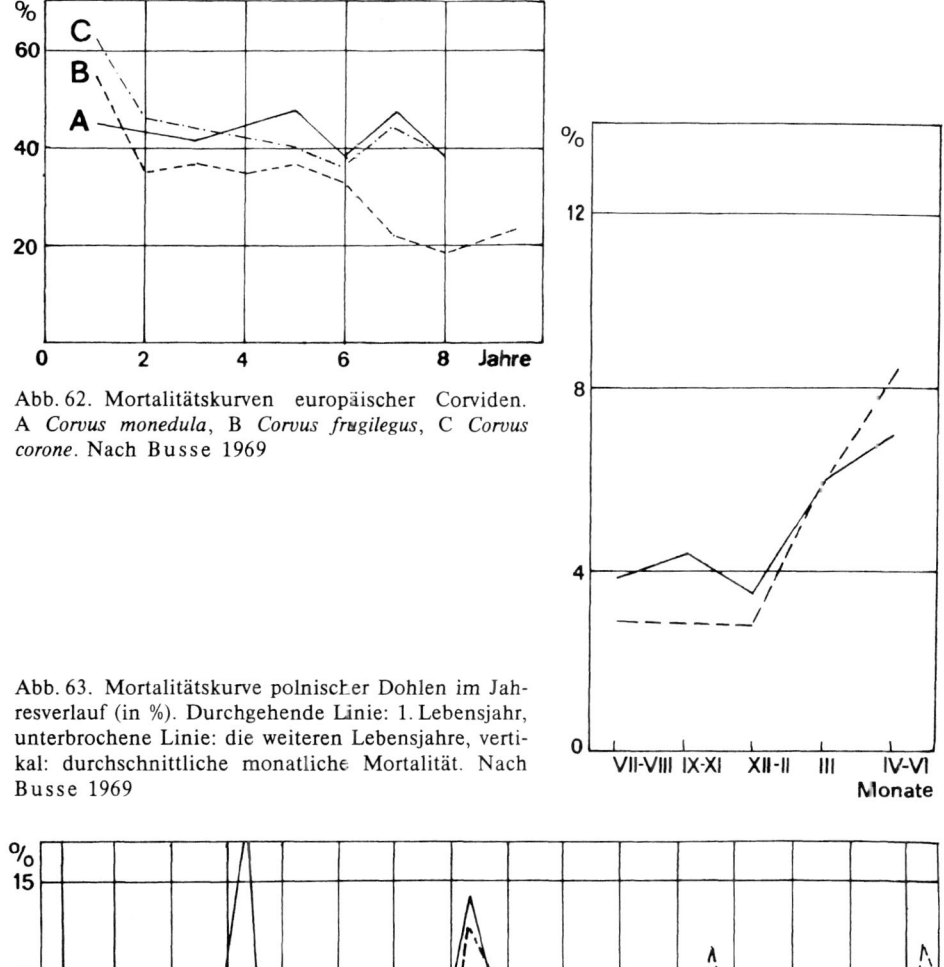

Abb. 62. Mortalitätskurven europäischer Corviden. A *Corvus monedula*, B *Corvus frugilegus*, C *Corvus corone*. Nach Busse 1969

Abb. 63. Mortalitätskurve polnischer Dohlen im Jahresverlauf (in %). Durchgehende Linie: 1. Lebensjahr, unterbrochene Linie: die weiteren Lebensjahre, vertikal: durchschnittliche monatliche Mortalität. Nach Busse 1969

Abb. 64. Mortalitätskurven polnischer Corviden in den ersten Lebensjahren. A *Corvus corone*, B *Corvus monedula*. Nach Busse 1969

ren und längeren Wintern und längeren Strecken in die Winterquartiere zu suchen sein (max. etwa 2000 km).

Die Dohle ist mit ihrem Höchstalter bei Gentz (1966) nicht aufgeführt. Auch aus den Zoos und Tierparks der DDR sind keine Höchstalter von Dohlen bekanntgeworden, die das von Busse (1969) bzw. Rydzewski (1978) genannte Höchstalter übertreffen (Prof. Dathe briefl.).

Die Daten der in der Tabelle 11 aufgeführten ältesten Dohle sind:
Viborg (DEN) D 14 472
o pull. 04. 06. 1941 – wie gefunden? 20. 09. 1955
Das hier angegebene Höchstalter für *Corvus monedula* wird durch folgenden Wiederfund noch übertroffen (s. auch Kapitel 16):
Radolfzell
E 20 372
o njg. 30. 05. 1956 Zschopau xA 01. 08. 1974 Zschopau
Bei Außerachtlassung des Symbols xA (genauer Todestag nicht bekannt) hat diese nestjung beringte Dohle das Rekordalter von 18 Jahren, 2 Monaten, 2 Tagen erreicht.

12.4. Parasiten

Zu den Ektoparasiten der Dohle zählen auch Flöhe, die sich auf dem Vogel aufhalten können, aber auch das Nest bewohnen. Nach Peus (1968) können Flöhe beständig und seßhaft nur bei solchen Vogelarten leben, die ein Nest bauen, das nach Zusammensetzung und Menge des Nistmaterials die ökologischen Ansprüche der Flöhe erfüllt. In den Untersuchungen von Peus wurden keine Brutvögel gefangen, sondern die Nester nach dem Ausfliegen der Jungen untersucht. In Schwerin untersuchte Peus am 5. 6. 1954 im Dachstuhl des Doms 14 Dohlennester.
Befund: Larven von *Ceratophyllus vagabundus insularis*.
Burg auf Fehmarn, am 4. 12. 1961 im Dachstuhl der Kirche St. Nikolaus, in 6 Dohlennestern gleicher Befund wie in Schwerin.
Staberhof auf Fehmarn, am 5. 10. 1963 in Pappelallee, 7 Nester in den ausgehöhlten Köpfen der gekappten Pappeln in 8 m Höhe, Befund:

		♂	♀
Nest 1	*Ceratophyllus vagabundus insularis*	11	16
	Ceratophyllus gallinae	2	1
Nest 2	*Ceratophyllus vagabundus insularis*	1	1
	Ceratophyllus gallinae	1	0
Nest 3	*Ceratophyllus vagabundus insularis*	0	1
Nest 4	*Ceratophyllus vagabundus insularis*	0	1
Nest 5	*Ceratophyllus fringillae*	1	0
Nest 6	*Ceratophyllus vagabundus insularis*	0	1
Nest 7	*Ceratophyllus vagabundus insularis*	0	1

In weiteren 17 Dohlennestern fehlten Flöhe offenbar, u. a. auf Hiddensee, in Berlin und in Kemnath/Oberpfalz. *Ceratophyllus vagabundus insularis* wurde bisher nur im Küstenbereich gefunden.

Der Arbeit von Peus ist nicht zu entnehmen, welche Flöhe wirtsspezifisch sind. Daß nicht alle Arten wirtsspezifisch sein können, sondern den Menschen anfallen, mußte ich zu meinem Leidwesen bei allen Besuchen an Dohlennestern zur Kenntnis nehmen.

Niethammer (1937) führt folgende Ektoparasiten auf:

Federlinge	*Myrsidea anathorax*
	Degeeriella sp.
	Philopterus guttatus
Gefiederfliegen	*Carnus hemapterus*
Zecken	*Ixodes autumnalis*
Milben	*Montesauria cylindrica*
	Analgopsis corvinus

Zu den Federlingen (Mallophagen) sind inzwischen zwei weitere, wirtsspezifische Arten hinzugekommen (Prof. Dr. Eichler u. E. Mey briefl.): *Corvonirmus varius varius* (Burmeister, 1838); *Menacanthus monedulae* Blagoveshtchensky, 1951.

In der folgenden Liste sind die häufigeren parasitischen Würmer aufgeführt, die jedoch außer bei Dohlen auch bei anderen Corviden sowie Sing- und Hühnervögeln vorkommen (Dr. Hartwich briefl.).

Nach Sprehn (1959, 1960, 1961) sind das:

Saugwürmer – Trematoda

Brachylaemus fuscatus (Rudolphi, 1819)
Brachylecithum lobatum Railliet, 1900
Echinostoma revolutum Frölich, 1802
Mosesia caprimulgi Belopolskaja, 1954
Plagiorchis brauni Massino, 1927

Plagiorchis cirratus (Rudolphi, 1802)
Prosthogonimus cuneatus (Rudolphi, 1809)
Prosthogonimus ovatus (Rudolphi, 1803)
Tamerlania zarudnyi Skrjabin, 1924

Bandwürmer – Cestoda

Anomotaenia constricta (Molin, 1858)
Anomotaenia galbulae (Gmelin, 1790)
Dilepis monedulae Neslobinsky, 1911
Paricterotaenia parina (Dujardin, 1845)

Passerilepis crenata (Goeze, 1782)
Passerilepis passeris (Gmelin, 1790)
Passerilepis stylosa (Rudolphi, 1809)

Fadenwürmer – Nematoda

Acuaria anthuris (Rudolphi, 1819)
Acuaria cordata (Müller, 1897)
Capillaria corvorum (Rudolphi, 1819)
Diplotriaena tricuspis (Fedtschenko, 1874)

Porrocaecum ensicaudatum (Zeder, 1800)
Sciadiocara secunda Skrjabin, 1916
Syngamus trachea (Montagu, 1811)
Thominx contorta (Creplin, 1839)

Kratzer – Acanthocephala

Centrorhynchus pinguis Van Cleave, 1918
Centrorhynchus teres (Westrumb, 1821)
Oligacanthorrhynchus compressus (Rudolphi, 1802)
Prosthorhynchus genitopapillatus Lundström, 1942

13. Feinde

Unter den natürlichen Feinden spielen Greifvögel und Eulen naturgemäß eine besondere Rolle. Nach S c h i e m e n z (1959) sind unter den 10 häufigsten Beutetieren des Habichts Krähen, Elstern und Dohlen mit insgesamt 5,8 % (516 Ex.) beteiligt. M ä r z (1954) fand in der Sächsischen Schweiz in Rupfungen und Gewöllen des Uhu 15 erbeutete Dohlen unter 129 Vögeln in 22 Arten. Nach S c h n u r r e (1954) wurden dagegen in vier ehemals norddeutschen Uhu-Revieren (Sandkrug, Hirschtal, Schönthal. Spechtsdorf) in der Pomorze (Pommern, jetzt VR Polen) zwar Krähen und Eichelhäher als Beute festgestellt, aber keine einzige Dohle. Es ist zu vermuten, daß dieses Ergebnis auf das Fehlen von baumbrütenden Dohlen zurückzuführen ist.

Von U t t e n d ö r f e r (1952) wurden 206 Dohlen als Beute von Greifvögeln und Eulen (von weit über 81 000 erbeuteten Vögeln!) wie folgt nachgewiesen:

Sperber	5 juv.	(von 58 077 Vögeln in 126 Arten)
Habicht	22	(von 8309 Vögeln in 123 Arten)
Wanderfalke	42	(von 6410 Vögeln in 145 Arten)
Roter Milan	5	(von 386 Vögeln in 47 Arten)
Schwarzer Milan	1	(von 155 Vögeln in 36 Arten)
Waldkauz	41 juv.	(von 6923 Vögeln in 100 Arten)
Uhu	11	(von 1611 Vögeln in 87 Arten).

Bei 79 Rupfungen war der Urheber nicht sicher zu ermitteln.

Insgesamt beträgt der Anteil der Dohle an den erbeuteten Vögeln nur 0,25 %. Daß der Rote Milan mit 1,3 % an der Spitze steht, muß nicht repräsentativ sein, sondern ist als regionaler Befund zu werten. Wo tote Dohlen zu finden sind (z. B. bei Dohlenkolonien in der Feldflur), werden diese fast ausschließlich vom Roten Milan weggeholt. Der Beuteanteil der Dohle steigt dadurch an, wodurch uns ein falsches Bild von der Feind-Beziehung vermittelt wird.

Es fällt ferner auf, daß der Waldkauz nur Jungdohlen erbeutete. Er dringt nachts in Gebäudekolonien ein, jagt die Altdohlen vom Nest und erbeutet die Jungen. Die Schleiereule hingegen ist zu dieser Jagdweise nicht fähig. U t t e n d ö r f e r wies der Schleiereule 2065 Vögel in 51 Arten nach (weitere 349 Vögel konnten nach Artzugehörigkeit nicht bestimmt werden), aber die Dohle fehlt in dieser Liste!

Ohne quantitative Angaben wird von G r o t e (1943) unter den Beutetieren des Fischadlers auch die Dohle aufgeführt. Es kann jedoch nach allen bisherigen Untersuchungen eingeschätzt werden, daß der Rückgang des Dohlenbestandes in keinem Fall von Greifvögeln bzw. Eulen verursacht wird.

Der Kolkrabe gilt nicht als natürlicher Feind der Dohle, aber im besonderen Einzelfall ist die selektive Funktion des Kolkraben möglich und wird von L o r e n z (1931) nachgewiesen. Die von ihm gehaltenen Kolkraben versuchten nie ernstlich, eine Dohle zu fangen. Als aber durch ein Versehen eine Dohle in ein falsches Käfigabteil geriet und dann im bereits geschwächten Hungerzustand freigelassen wurde, tötete sie der Kolkrabe sofort. L o r e n z erblickt in diesem feinen Reagieren auf Krankheitserscheinungen von Tieren eine angeborene Eigenschaft des Kolkraben.

H i l p r e c h t (1974) erwähnt Hauskatzen, die außer Kleinvögeln auch eine Waldohreule, einen Waldkauz, eine Rabenkrähe, einen Eichelhäher und eine Dohle rissen. Auch L o r e n z (1931) berichtet, daß seine Hauskatze sich an seinen Dohlen vergriff.

14. Dohlen im Herbst und Winter

Etwa vom 10. August an setzt die Rückkehr der alten Dohlen an ihre Brutplätze ein, was zumindest für einen Teil der Brutvögel gilt. An dieser Rückkehr sind die Jungvögel nur in geringer Anzahl beteiligt. An manchen Brutplätzen, auch größerer Kolonien, ist im Herbst keine einzige Jungdohle zu beobachten. Jedoch scheint erst die Farbmarkierung mehr Klarheit zu ergeben. Durch die in der Kolonie Jena-Göschwitz erstmals 1986 eingeführte Farbmarkierung nestjunger Dohlen konnten am 5. 10. 1986 bei sonnig-warmem Wetter unter den etwa 120 anwesenden Dohlen mindestens 6 Jungdohlen (5 %) festgestellt werden. Bisher waren Nachweise bzw. Wiederfunde im ersten Herbst und Winter am Geburtsort meist nur durch Totfunde möglich, wie sich aus folgenden Ringfunden ergibt:

Hiddensee	5 035 614	Njg. 24. 05. 1978 Jena-Göschwitz
		x 03. 01. 1979 Nähe Jena-Göschwitz
	5 053 737	Njg. 19. 05. 1979 Jena-Göschwitz
		x 04. 11. 1979 Jena-Göschwitz
	5 053 738	Njg. 19. 05. 1979 Jena-Göschwitz
		x 04. 11. 1979 Jena-Göschwitz
Radolfzell E	38 789	Njg. 26. 05. 1959 Scharfenstein/Erzgeb.
		x 01. 12. 1959 Scharfenstein/Erzgeb.

(Herkunft dieser Ringfunddaten siehe Abschnitt 16.)

14.1. Zugbewegungen – Migration

Die Dohle ist nach Voous (1962) Teilzieher. Vom Zugverhalten sind die diesjährigen Jungen viel stärker erfaßt als die Altvögel, die uns nach Naumann (1905) nur im strengsten Winter und auch nur zum Teil verlassen. Bährmann (1961) äußert sich ähnlich. Es ist nur ein gewisser Teil (mehrjährige, starke Vögel, Paare), der sich in milden Perioden des Winterwetters an den Brutplätzen aufhält, bei einsetzender scharfer Kälte und Schneefall wieder abzieht, um bei erneuter Wettermilderung wieder an den Brutplätzen zu erscheinen. Da diese fluktuierenden Bewegungen sich auch kurzfristig abwickeln können, scheiden im allgemeinen große Entfernungen aus. Die Bereitschaft der Dohlen zur Überwinterung in der Nähe ihrer Brutplätze trifft sehr wahrscheinlich nicht nur für Bährmanns Beobachtungsgebiet (Lauchhammer) zu, sondern auch für viele andere Gebiete mit ähnlicher Höhenlage (um 100 m ü. NN).

Nach Voous (1962) überwintert die Mehrzahl nördlicher Brutvögel in den West- und Südteilen des Verbreitungsgebietes. Nach Busse (1963) sind von der alljährlichen Migration im Winter etwa 70 % der polnischen Dohlen betroffen, somit verbleiben etwa 30 % im Land und entfernen sich nicht weit. Dies sind die Altvögel (zweijährige und ältere). Polnische Dohlen wandern schon ab 2. Oktoberhälfte ab. Busse gibt 21 Wiederfunde beringter Dohlen an, wonach ein Teil in Österreich, der ČSSR und Ungarn überwintert, aber sie ziehen nicht in das Alpengebiet, was auch Kumerloeve (1932) vermerkt.

Busse (1969) beschreibt die Wanderungen europäischer Dohlen (und anderer Corviden) von den Baltischen Staaten bis an die Pyrenäen. Diese Wanderungen (Migrationen) werden wegen ihrer im allgemeinen periodischen Wiederkehr auch Zug genannt

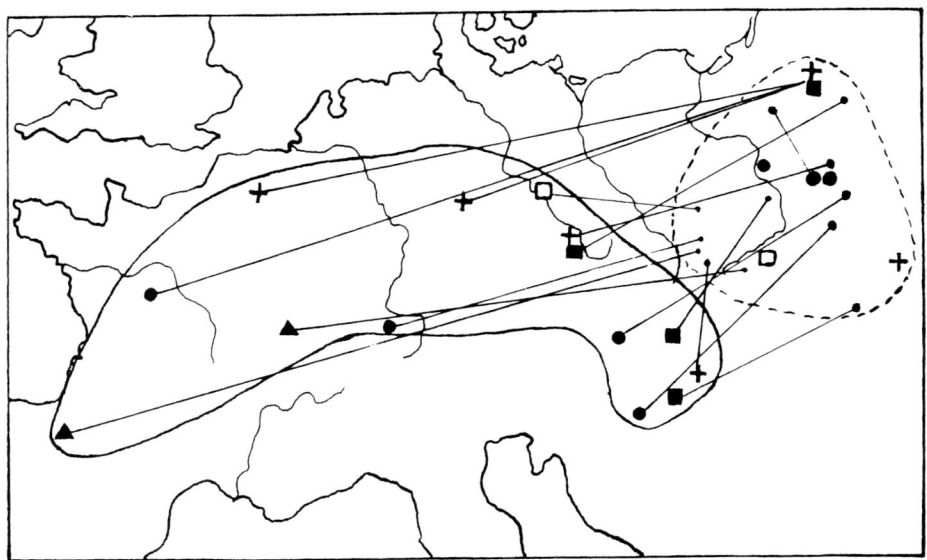

Abb. 65. Karte mit 21 Wiederfunden beringter polnischer Dohlen in ihren Winterquartieren der Monate Oktober bis Februar. Symbole für die Monate der Wiederfunde: □ Oktober, ▲ November, ● Dezember, ■ Januar, + Februar. Nach Busse 1969

(Thienemann 1931, Pörner 1980). In manchen Einzelfällen sind jedoch Migration und Zug nicht identisch, sobald Umsiedlungen vorkommen. Schüz (1935) nennt hierzu eine dänische Dohle, die als adulter Brutvogel am 14.4.1932 im Kirchturm von Kalundborg (55.41 N, 11.04 E) beringt und zwei Jahre später, am 15.4.1934, bei Boren/Östergötland (58.31 N, liegt aber bereits auf Södermanland, Verf.) in Schweden geschossen wurde. Hier liegt also eine Umsiedlung von 500 km nach NNE vor!

Dohlen aus weiter östlichen und nordöstlichen Brutgebieten legen naturgemäß lange Strecken zurück, was zuweilen auch für Jungdohlen in ihrem ersten Herbst und Winter zutrifft. Nach Schüz waren in Finnland Jungdohlen noch am 10.9. am Geburtsort, entfernten sich aber zur nächsten Brut- und Sommerzeit weit (am 16.8. 155 km NE, Anfang Mai 1660 km SW, Antwerpen). Für eine polnische und zwei litauische Jungdohlen nennt Schüz folgende Wiederfunde:

Warschau 22 140   400 km W
Njg. 08.06.1933 Luszcanowice, Kr. Piotrkow 51.12 N, 19.18 E
erlegt Mitte Oktober 1933 bei Falkenberg/Torgau 51.36 N, 13.13 E

Kaunas E 933   760 km SW
Njg. 29.05.1932 Kurmaiciai bei Schaulen 56.15 N, 23.37 E
erlegt 26.12.1933 bei Teterow/Meckl. 53.47 N, 12.34 E

Kaunas E 1714   1500 km WSW
Njg. 05.06.1933 Salociai 56.12 N, 24.25 E
erlegt 17.12.1933 Beveren-sur-la-Lys/Belgien 50.48 N, 3.15 E

Daß Dohlen aus der Litauischen SSR (vermutlich adulte) noch größere Strecken zurücklegen, zeigen zwei der sechs Fernfunde in verschiedenen Ländern (nach Ivanauskas 1964):

Germany, 760 km WSW   Belgium, 1750 km WSW
Germany, 831 km WSW   France, 1950 km WSW
Holland, 1200 km WSW   France, 1900 km WSW.

Reine Dohlenschwärme scheinen sich für den Zug in die Winterquartiere kaum zu formieren. Die aus den östlichen Brutgebieten abwandernden Dohlen schließen sich fast regelmäßig den Krähenschwärmen (besonders Saatkrähen) an. Thienemann (1931) nennt „unermeßliche" Krähenschwärme, in denen Dohlen mitziehen. Für die Anzahl der jeweils zum Herbstzug über die Kurische Nehrung (Rybatschi) ziehenden Krähen gibt Thienemann 20 000–25 000 Ex. an, für die Flughöhe 30–200 m. Bei

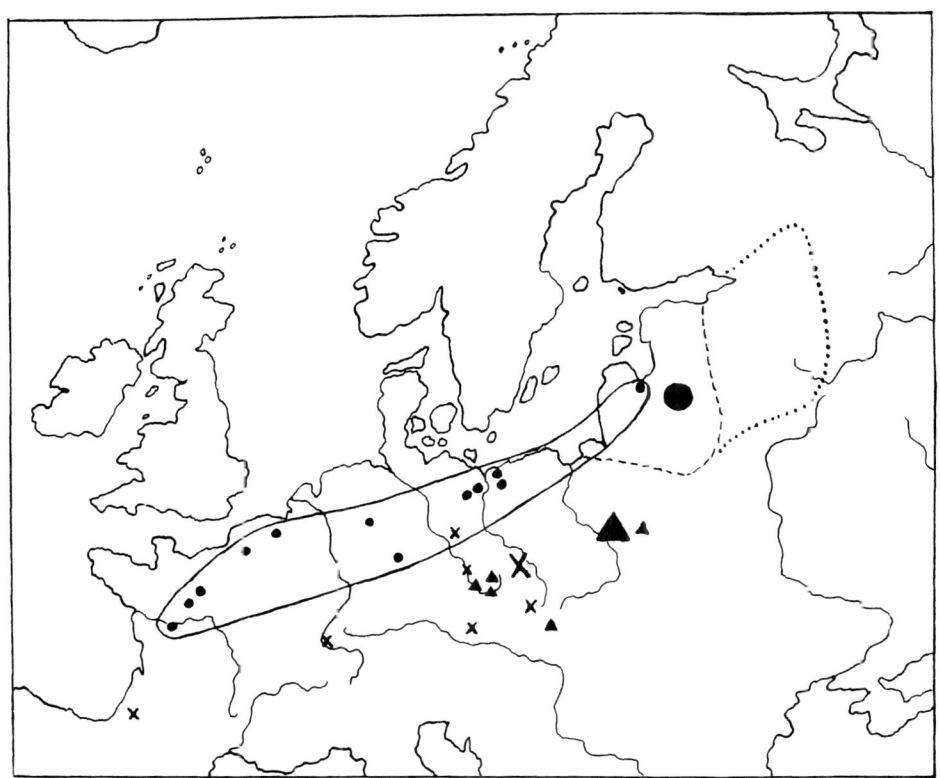

Abb. 66. Wiederfunde von Dohlen aus den Baltischen Ländern (●), Südost-Polen (▲) und dem Nordwesten der ČSSR (×) in den Winterquartieren und auf ihren Wanderwegen. Nach Busse 1969 (Die Nord- und Ostgrenze der Baltischen Länder ist von Busse in der Originalarbeit 500 km nach E und 400 km nach N in die UdSSR ausgedehnt gezeichnet. Dieses außerhalb der Baltischen Länder liegende Gebiet ist punktiert umgrenzt.)

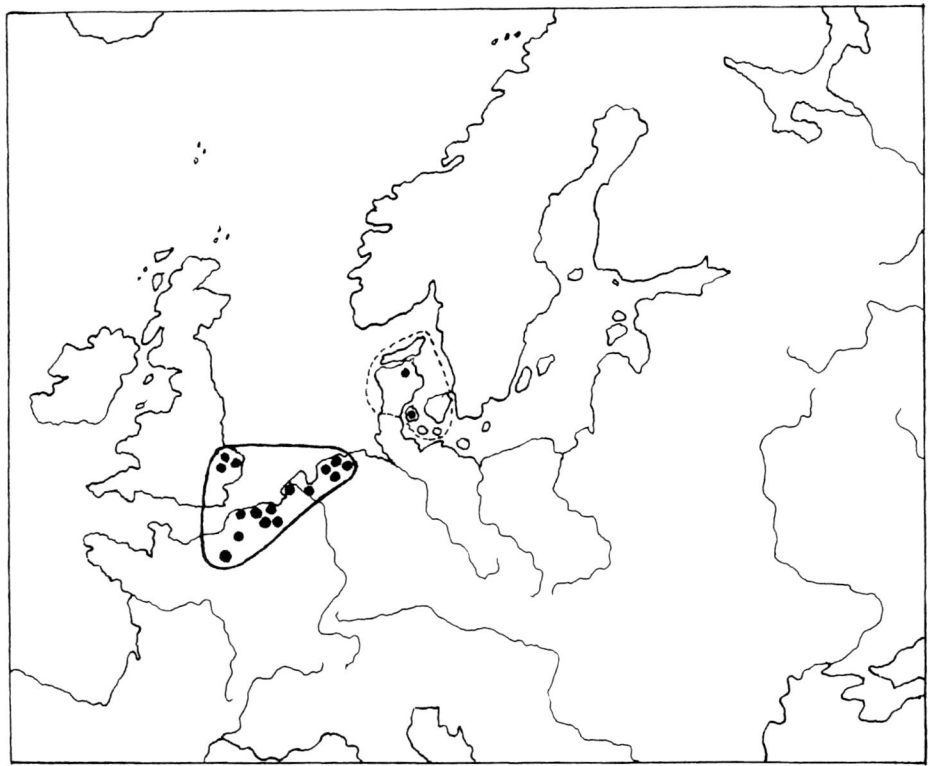

Abb. 67. Winterquartiere der Dohlen aus Dänemark. Nach Busse 1969

stark fallendem Luftdruck und ganz bedecktem Himmel bleibt der Zug aus, bei steigendem Luftdruck und schönem, warmen (8–10 °C) Oktoberwetter setzt der Zug wieder verstärkt ein.

Busse (1969) beschreibt die Zugwege und Winterquartiere der drei Unterarten wie folgt:

Corvus monedula spermologus Vieill.

Die in Großbritannien lebenden Dohlen führen keine größeren Bewegungen durch. Von 13 Winter-Rückmeldungen weisen nur zwei Entfernungen über 100 km aus: 240 km SW, 170 km W.

Nordfrankreich und Belgien: Dohlen dieser Gebiete wandern direkt nach WSW bis SW und erreichen die französische Küste des Atlantischen Ozeans.

Schweiz: Schweizer Dohlen verlassen in großer Anzahl im Winter ihr Brutgebiet, weil das harte alpine Klima sie dazu zwingt. Nach Glutz v. Blotzheim (1964) scheint jedoch der Großteil der Altvögel während des Winters an den Nistplätzen auszuharren, zusammen mit eingewanderten Dohlen aus Polen, Bayern und Baden-Württemberg (4 Ringfunde).

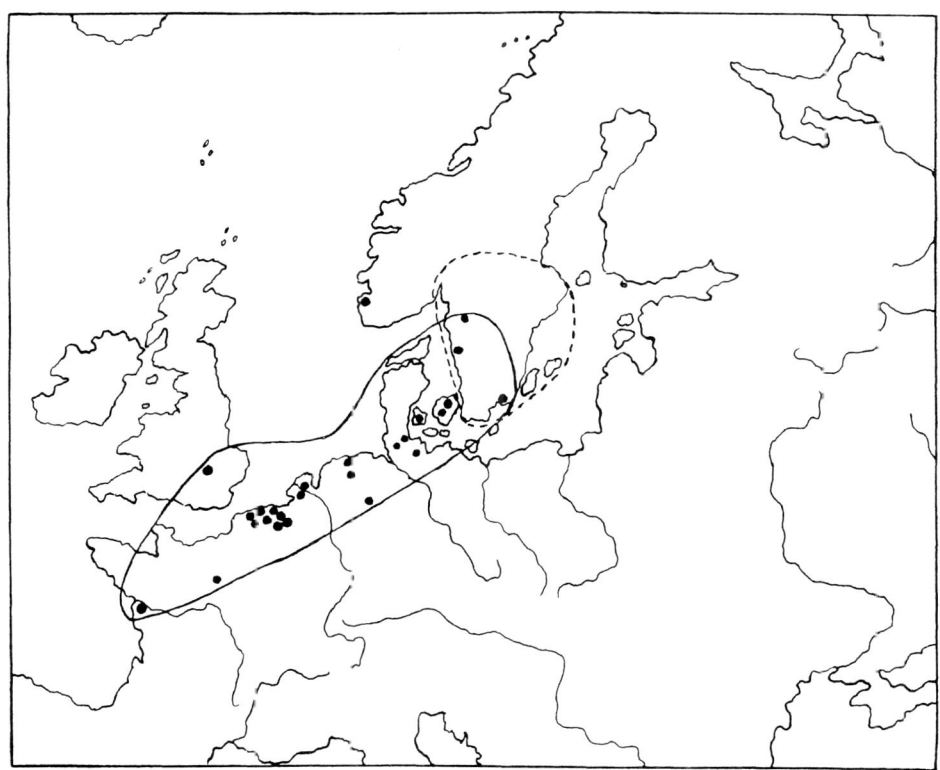

Abb. 68. Wiederfunde von Dohlen aus Süd-Skandinavien in den Winterquartieren und auf ihren Wanderwegen. Nach Busse 1969

Die abziehenden Dohlen wandern im Winter meist nach SW in das Rhône-Tal oder an den Fuß der Pyrenäen. Daß Schweizer Dohlen die Pyrenäen überwinden können, zeigt dieser Wiederfund (Busse 1969):
Sempach 926 444
o 27. 05. 1952 Ufenau 37.15 N, 08.45 E, Schweiz
+ 23. 11. 1952 Milagro 42.15 N, 01.47 E, Spanien. 990 km SW

Corvus monedula monedula L.
Dänemark: Dänische Dohlen verlassen im Winter Dänemark, verbringen den Winter im südöstlichen Teil Englands, im Norden Frankreichs, Belgiens und der Niederlande.
Süd-Skandinavien: Die Winterquartiere der skandinavischen Dohlen liegen in einem schmalen Streifen, der sich von Südschweden durch Dänemark, Belgien und die Niederlande erstreckt.
Finnland: Alle Fernfunde finnischer Dohlen liegen in einem schmalen Landstreifen von den Niederlanden durch Dänemark bis in die Nähe von Stockholm.

121

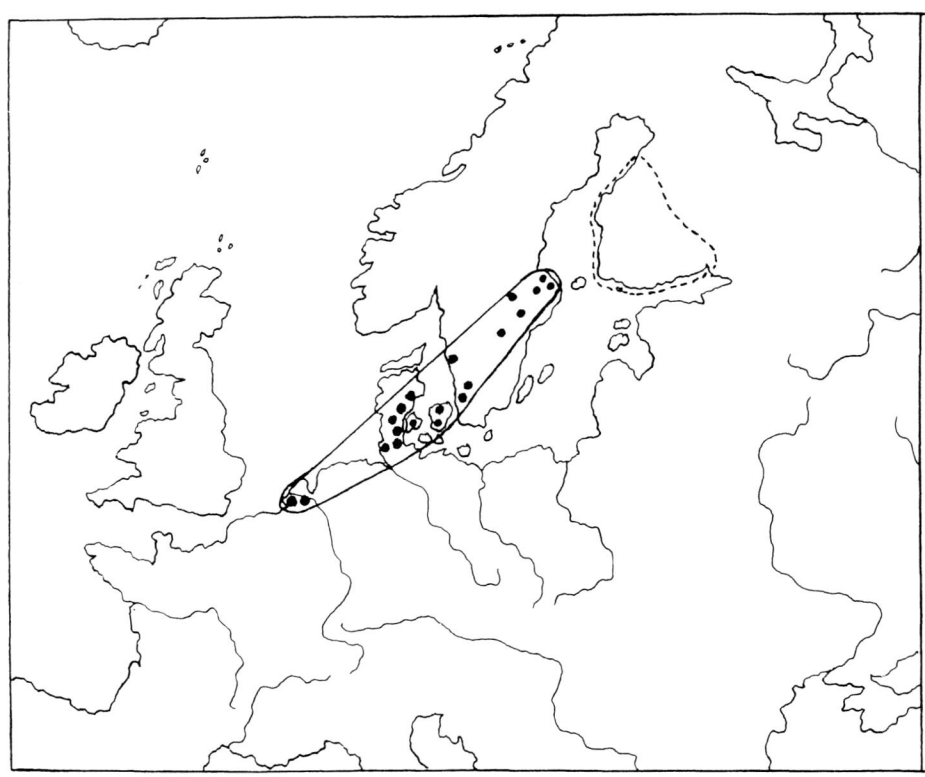

Abb. 69. Wiederfunde von Dohlen aus Finnland in den Winterquartieren und auf ihren Wanderwegen. Nach Busse 1969

Corvus monedula soemmeringii Fischer
Diese östliche Unterart lebt in den Baltischen Ländern und im Nordosten von Polen.
Ihre Winterquartiere verteilen sich über ein sehr großes Areal: von Zentralfrankreich
durch Belgien, beide deutsche Staaten, durch den Norden Polens bis zu ihren Brutgebieten. Es wird auch Schweden als Winterquartier erreicht, was durch folgende Rück-
meldung nachgewiesen ist:
Moskau E 281 746
o 07. 06. 1955 Puhtu 58.33 N, 23.34 E, UdSSR
+ 01. 02. 1956 Rootsi 56.30 N, 16.30 E, Schweden. 500 km SW.

Südöstlicher Teil von Polen und der Ukrainischen SSR: Die Dohlen dieses kleinen
Areals wandern in zwei Richtungen ab: nach WSW zum nordwestlichen Teil der
ČSSR und in die südlichen Teile der beiden deutschen Staaten sowie nach SW und
SSW in die Ebenen Ungarns.
    Wie Voous (1962) betrachtet auch Busse (1969) die Dohle als Teilzieher (partial

migrant). Von 1304 Wiederfunden beringter Dohlen ließen sich 488 für die Analyse der Migration bzw. den Aufenthalt in den Winterquartieren auswerten. Die geringen Bewegungen in Großbritannien lassen sich aus dem ausgeglichenen maritimen Klima ableiten. Dagegen werden von den meisten Dohlen Ostpolens und der Belorussischen SSR die weitesten Wanderwege zurückgelegt. Ein vollständiges Verlassen der Brutgebiete kann im Winter nur im nordöstlichen Teil von Europa beobachtet werden (Dement'ev et al. 1954). Für Busse (1963, 1969) sind die polnischen Dohlen keine „partial migrants", sondern bereits „typical migrants". Sie gehen also in ihrem quantitativen Zugverhalten von allen europäischen Dohlen über den von Voous (1962) gezogenen Rahmen am stärksten hinaus.

14.2. Wintergäste und Durchzügler aus Osteuropa

Corvus monedula soemmeringii Fischer, die Halsbanddohle, zieht etwa ab Oktober aus ihrem osteuropäischen Areal nach Westen und ist in beiden deutschen Staaten und weiter westwärts als Wintergast und Durchzügler zu beobachten.

In vielen avifaunistischen Abhandlungen sind „Nachweise" dieser (offenbar attraktiven) *soemmeringii*-Exemplare für die Herbst- und Wintermonate festgehalten. Manche Autoren urteilen jedoch zurückhaltend. Lieder (in v. Knorre u. a. 1986): „Die genaue Herkunft und Unterart der Durchzügler und Wintergäste ist noch unbekannt". Auch Klafs u. Stübs (1977) bezeichnen die Rassenfrage der Winterdohlen (für Mecklenburg) als ungeklärt. Die von Schonert u. Heise (1970) im Kreis Prenzlau beobachteten hellhalsigen (Brut-) Dohlen gehören wahrscheinlich zu *C. m. spermologus* (Klafs u. Stübs 1977). Andere betonen die Schwierigkeit der feldornithologischen Bestimmung der kaum unterscheidbaren Rassen *C. m. monedula* aus Skandinavien und *C. m. soemmeringii* aus Osteuropa, so daß über die Anteile der beiden hellhalsigen Formen gesicherte Angaben fehlen (Mildenberger 1984).

Jung (1975) macht auf das in diesem Zusammenhang zu sehende Problem aufmerksam, daß mancher Beobachter dazu neigt, beim Auftreten einer leicht verwechselbaren (oder schwach gekennzeichneten) Unterart das zweifelhafte Stück der selteneren Form zuzuordnen. Daß dies bei der Dohle für unseren Raum besondere Beachtung verdient, betonen Erz (1968) und Steinbacher (1956). So weist Jung (1975) auf mitteleuropäische Brutdohlen hin, die *soemmeringii*-Zeichnung tragen, die nach Erz (1968) in Westfalen vorkommen sollen, von Mildenberger (1984) jedoch nicht erwähnt werden.

An die Notwendigkeit zu kritischer Zurückhaltung wurde auch ich am 11.4.1936 erinnert, als mir in einer Dohlenschar auf einem Acker bei Jena-Göschwitz eine sehr weißhalsige Dohle auffiel. Der Vogel trug beidseitig fast weiße, miteinander verbundene Halsseitenflecken. Der Vogel sammelte aber Nistmaterial, und es handelte sich um einen beringten, in der Autobahnbrücke geborenen Jungvogel, der nun Brutvogel war.

Zur Vermeidung von Fehlbestimmungen sollte der Hinweis von Naumann (1905) nicht übersehen werden, wonach sehr alte Dohlen helle, fast weißliche Halsseitenflecken aufweisen (und dadurch die osteuropäische Herkunft vortäuschen können, Verf.). Die Empfehlung von Jung (1975), von (vermutlichen) *soemmeringii*-Exemplaren ausreichendes Balgmaterial sowie Maße zu sammeln, wird wegen der stark eingeschränkten Möglichkeit, solche Vögel zu schießen bzw. zu fangen, wohl unrealisierbar bleiben müssen. Als Alternative bietet sich die Untersuchung möglichst aller heimischen Brutdohlen-Populationen auf den Anteil hellhalsiger Stücke an. Das zielt in die Richtung, wie Bährmann (1968), Eck (1984) u. a. die von Kleinschmidt (1935) gestellte Frage nach der ... graduellen Vermischung einer weißhalsigen Ostrasse ... (siehe Abschnitt 6.4.) einer Klärung näherzubringen versuchen.

Einerseits ist die zuweilen große Anzahl gesichteter Halsbanddohlen auffällig, andererseits sind über Jahrzehnte nur sehr wenige gesicherte Belege in Sammlungen eingegangen. Nach Köcher u. Kopsch (1983) wurden in den Kreisen Grimma, Oschatz und Wurzen von Oktober bis April (welches Jahr? Verf.) mindestens (!) 88 Vögel erkannt, die die typischen *soemmeringii*-Merkmale trugen. In dieser Gegend (Hirschfeld/Bez. Leipzig) gelang Lindner (1926) am 24. 1. 1926 der Totfund eines *soemmeringii*-Exemplares, das er *Coloeus monedula collaris* (Drummond) nannte, einem Synonym für *C. m. soemmeringii* (Hartert 1903, Niethammer 1937, Schlegel 1925). Es ist dem Forscherblick von Lindner (1926) zu danken, daß dieser Erstnachweis für Nordwestsachsen (wenn nicht für ganz Sachsen) gesichert wurde. Nach der Übernahme seiner Sammlung in das Naturwissenschaftliche Museum Leipzig ist der Balg eine große Seltenheit geblieben (Inv.-Nr. BsAv 1597), denn ein weiterer heimischer Beleg ist nicht vorhanden (S. Reinl briefl., Okt. 1985).

Auch in anderen Landschaften sind bestätigte *soemmeringii*-Nachweise offenbar Seltenheiten. Nach Hildebrandt (1975) wurde 1 Ex. *C. m. soemmeringii* im März 1915 bei Taubach, Kr. Weimar, gefunden und befindet sich in der Sammlung der Naturforschenden Gesellschaft Altenburg. Pflugbeil (1938) beobachtete im Winter 1931 und 1932 einzelne *soemmeringii*, eine fing er am Schlafplatz mit der Hand, jedoch fehlt jeglicher dokumentarischer Nachweis. Am Müllberg Möckern (Bez. Leipzig) wurden am 10. 11. 1972 10 Ex. *soemmeringii* (?) gesichtet (aus Beob.-Kartei Leipzig). Im Tierpark Berlin, wo sich im Winter bis zu 500 Dohlen versammeln (Fischer 1965), wurden wiederholt auch Halsbanddohlen beobachtet (Fischer 1960, 1965).

14.3. Schlafplätze und Vergesellschaftungen

Für die winterliche Krähenerfassung spielen Sammel- und Schlafplätze eine erhebliche Rolle. Prill, Wernicke u. Erdmann (1985) ermittelten an 85 Schlafplätzen insgesamt 159 527 Krähenvögel. Der Anteil der Saatkrähen betrug 81,5 %, Dohlen 13,0 %, Aaskrähen *(Corvus corone)* 5,5 %. Reine Dohlenschlafplätze konnten diese Autoren nicht feststellen. Die meisten der untersuchten Schlafplätze befanden sich in Stadtparks, Friedhöfen und Stadträndern (48 %) und in Gehölzen abseits von Siedlungen (43 %). Die Entfernung der Schlafplätze von den Nahrungsgründen betrug im Durchschnitt 5,5 km mit einer Spanne von 0 bis 20 km.

Kolkraben nächtigen nur mit Artgenossen gemeinsam, so daß an deren Schlafplätzen keine Dohlen zu erwarten sind (Vökler 1985).

Eine originelle Methode zur Ermittlung des Aktionsradius von Dohlen und anderen Corviden im Winterquartier wurde von Schramm (1985) praktiziert. An den Nahrungsplätzen der Saatkrähen, Raben- und Nebelkrähen und Dohlen wurden Köder ausgelegt. Hierbei handelte es sich um Gummistücke, in Teig eingebacken, die zuvor zwecks Identifizierung mit Adressenstempel bedruckt wurden. Die Köder wurden an

Wintertagen an Müllkippen um Hannover ausgelegt. Im Winter 1969/70 konnten die von 15 Auslegeorten stammenden Gummiköder an drei verschiedenen Schlafplätzen als Speiballen wiedergefunden werden. Die ermittelte Maximalentfernung betrug 24,6 km, die höchste Wiederfundrate 71 Stück = 36 %.

Pflugbeil (1938) ermittelte die periphere Umgrenzung des Nahrungsgebietes um einen winterlichen Schlafplatz der Krähen und Dohlen bei Neukirchen. Nach S waren max. 7 km Ausdehnung vorhanden, nach O, N und NO wurden jedoch 20–25 km Ausdehnung erreicht und die ergiebigen Nahrungsgründe von Karl-Marx-Stadt (sowie die Orte Lugau, Limbach-Oberfrohna, Burgstädt, Mittweida u. a.) mit einbezogen. Pflugbeil beobachtete hier Dohlen in ihren Schlafgemeinschaften, deren Zusammenleben friedlich verläuft. Die alten Dohlen sitzen schlafend paarweise beisammen, im Gegensatz zu den Saatkrähen, die auf Schnabel-Reichweite sitzen, also mehr Distanz halten.

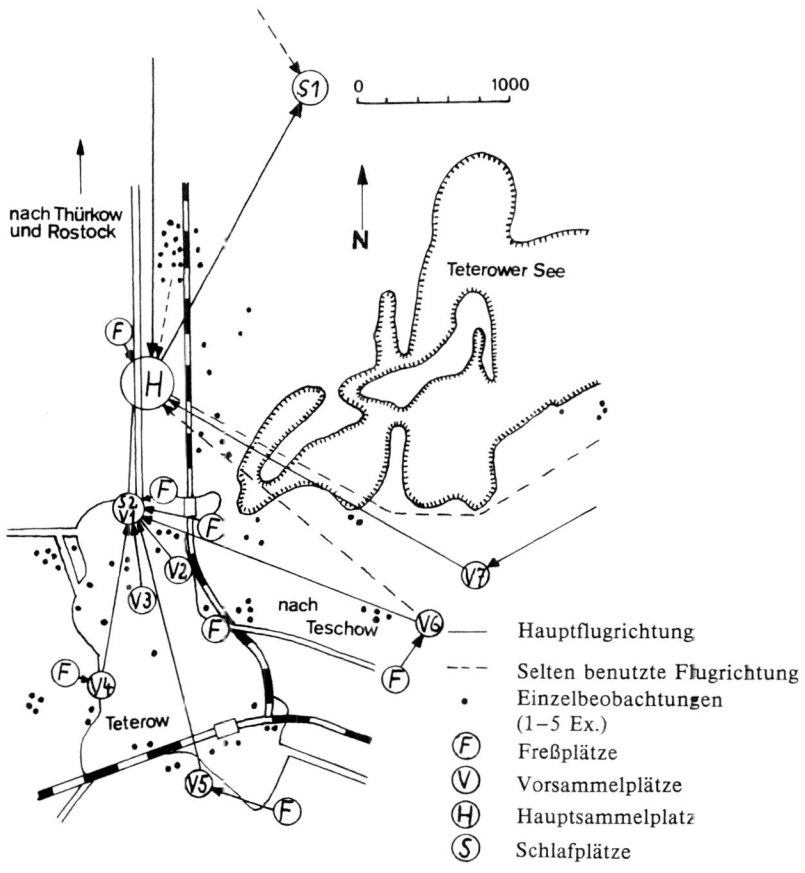

Abb. 70. Sammel-, Nahrungs- und Schlafplätze von Krähen und Dohlen mit den Anflugstrecken im Gebiet um Teterow/Mecklenburg (Maßstab in m). Nach Rothgänger 1971

In der Arbeit von Rothgänger (1971) über Sammel- und Schlafplätze um Teterow/Meckl. wird der Anteil der Dohlen mit 2000 Ex., der Saatkrähen mit 4000 Ex. und die Beteiligung der Nebelkrähen mit 300 Ex. angegeben (8. 2. 1969, 16.20 Uhr). Die Entfernungen zwischen den Nahrungsplätzen, Sammelplätzen und Schlafplätzen liegen zwischen 0,2 und 2,5 km, somit sind diese Plätze engräumiger konzentriert als von Prill, Wernicke u. Erdmann (1985), Schramm (1985) und Pflugbeil (1938) festgestellt wurde. Vorsammelplätze befanden sich sämtlich auf Bäumen: in Pappeln (V 2), in den Linden der Parkanlage (V 3), nordwestlich des Bahnhofs in Pappeln (V 4), südlich des Bahnhofs in Obstbäumen (V 5) und gemischt in Obstbäumen und Pappeln (V 6). Der Hauptsammelplatz befand sich auf umgebrochenen Feldern von etwa 700 × 400 m Größe. Der Schlafplatz S 1 (Torfstich) liegt an einem Alterlenbestand von 200 m Breite, dessen westlicher Teil jeden Abend von 8000 bis 10 000 Vögeln angeflogen wurde. In einem Fall (S 2/V 1) ermittelte Rothgänger, daß Schlafplatz und (Vor-) Sammelplatz identisch waren, was auch Rappe (1965) von einem „gemischten" (Saatkrähen/Dohlen) Sammel- und Schlafplatz aus Belgien zu berichten weiß.

Rothgänger (1971) fand, daß für den Anflug des Hauptsammelplatzes die Straße als Leitlinie benutzt wurde. Durch starken Nebel wurde von Vögeln aus unterschiedlichen Richtungen zunächst der Hauptsammelplatz verfehlt. Eine Orientierung wurde erst durch von Norden kommende Vögel eingeleitet.

Aschoff u. v. Holst (1960) konnten an reinen Dohlen-Schlafplätzen bei Heidelberg keine Unsicherheiten durch Nebel feststellen, auch nicht bei nur wenigen Metern Sicht. Im April/Mai waren an den Schlafplätzen 2 und 3 am Tiergarten weniger als 100 Dohlen anwesend, im Winter versammelten sich dagegen über 10 000 Ex. am Schlafplatz 1 am Mönchberg. Die Sammelplätze (von Aschoff u. v. Holst „Warteräume" genannt) liegen hier in sehr enger Nachbarschaft neben den Schlafplätzen, die jedoch (Mönchberg bis Tiergarten) 2,5 km auseinander liegen. Die Fluggeschwindigkeiten sind abends geringer als am Morgen. Das Flugverhalten der Dohlen ist offenbar auch wetterabhängig. Bei klarem Wetter erfolgt morgens ein plötzlicher Abflug (Katapultstart). Im Gegensatz zu Aschoff u. v. Holst bemerkte Westerfrölke (1954), daß die Krähen und Dohlen eines Schlafplatzes nahe Gütersloh bei Nebel nicht gleich abflogen, sondern zunächst in die Eichen der nahen Bauernhöfe flogen und abwarteten, bis sich der Nebel verzogen hatte. Dies konnte eine Stunde und länger dauern. Krähen und Dohlen scheinen sich in ihrem Flugverhalten an den Sammel- und Schlafplätzen nicht voneinander zu unterscheiden, denn sie bilden in ihrem Flugverband eine homogene Einheit.

Die Beobachtungen von Krambrich (1954) erinnern uns daran, daß wir für manche winterlichen Schlafgewohnheiten der Krähen und Dohlen keine Erklärung haben. Hierzu gehören die mehrfachen Unterbrechungen der Versammlungen am Schlafplatz, die großen zeitlichen Unterschiede des Anflugs der verschiedenen Scharen und der kurz vor Einbruch der Nacht erfolgende (nochmalige) Stellungswechsel, den Krambrich in einem Auwaldgebiet nördlich von Bonn an einigen tausend Individuen beobachtete. Ohne erkennbaren Grund erhoben sich die schwarzen Scharen mit ungeheurem Lärm, und erst in völliger Dunkelheit herrschte Ruhe.

Daß die tagesperiodischen Aktivitäten wie Aufwachen und Zurruhegehen sehr von der Lichtintensität bzw. Beleuchtungsstärke („Arthelligkeit") abhängig sind (Aschoff

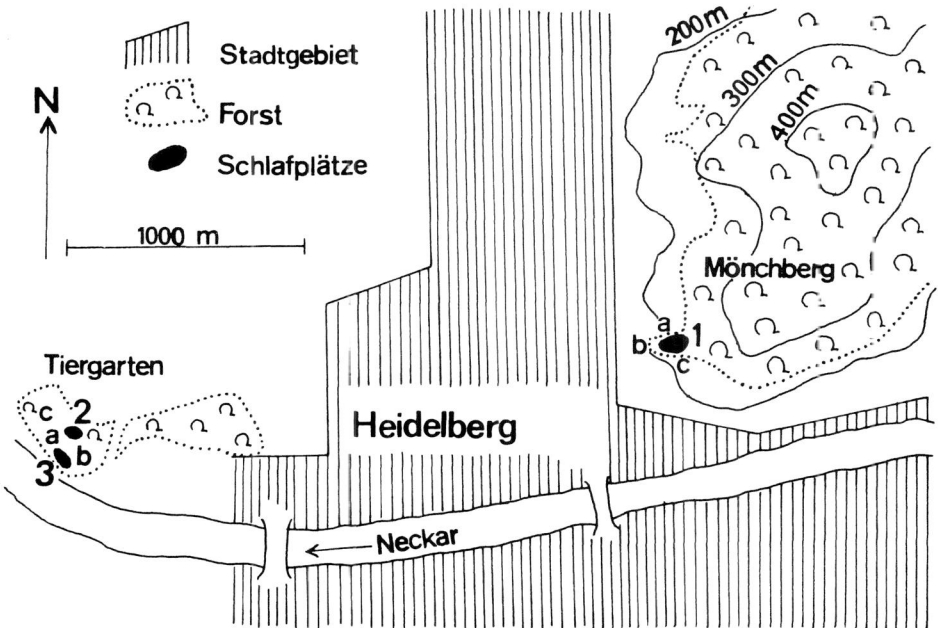

Abb. 71. Lage der Dohlen-Schlafplätze bei Heidelberg (1, 2 und 3) mit ihren Warteräumen (Sammelplätzen) a, b und c. Nach Aschoff u. v. Holst 1960

u. v. Holst 1960), wird durch eine ungewöhnliche Beobachtung von Schildmacher (1955) bestätigt. Während der Sonnenfinsternis am 30. Juni 1954 versammelten sich Dohlen und Nebelkrähen an ihren Schlafplätzen unter üblichem abendlichen Geschrei. Dabei fand die Sonnenfinsternis zwischen 11 Uhr und 15 Uhr statt, und gegen 13.50 Uhr war die Sonne zu etwa 94 % verfinstert.

Der Anteil der Dohlen an Saatkrähenschwärmen ist quantitativ und auch zeitlich sehr unterschiedlich. Bei Berlin wurde nach Rutschke (1983) das Maximalvorkommen Anfang bis Mitte November registriert, danach soll starker Abzug von Anfang bis Mitte Dezember einsetzen. Große Ansammlungen von Dohlen, vergesellschaftet mit Saatkrähen, wurden auf einem seit 1958/59 bestehenden Schlafplatz bei Eberswalde festgestellt: etwa 5000 Saatkrähen und etwa 1000 Dohlen, 1973/74 etwa 20 000 Saatkrähen und etwa 5000 Dohlen (Pätzold in Rutschke 1983). Auch auf einem 40 km entfernten Massenschlafplatz bei Zehdenick ist der Anteil hoch: von 3000 Saatkrähen beträgt hier der Anteil der Dohlen 30 % (Litzbarski u. Hübner 1967). Für Mecklenburg soll der Anteil mindestens 10 % betragen (Grempe 1966, Krägenow u. Schwarz 1970). Bis zu 50 % schätzt Kaiser (1955), im Mittel 30–40 % (Klafs u. Stübs 1977).

Höland u. Schmidt (1983) geben für den Bezirk Suhl regelmäßig 10–20 % an (selten bis zu 30 %). Für das Gebiet nördlich von Bonn nennt Krambrich (1954) nur 5 % Dohlenanteil. Für das Gebiet von Mittelelbe-Börde (Bez. Magdeburg) geben Nicolai et al. (1982) den Anteil der Dohlen in winterlichen Saatkrähenschwärmen mit 7, 14, 15, 20 % ($\bar{x} = 14\%$) an. Reine Dohlentrupps bestanden in 12 Fällen aus 10 bis 40 Ex., und nur je einmal wurden 150, 200 und 300 Ex. festgestellt.

Sehr ungewöhnliche und „regelwidriges" Nächtigen von Saatkrähen und Dohlen beobachtete Lambert (1965) auf dem Boddeneis vor Vitte (Hiddensee). Am 31.12.1963 wurden etwa 250 Dohlen und 250 Saatkrähen in der Abenddämmerung fliegend über dem vereisten Vitter Bodden gesichtet. Im Morgengrauen des 1.1.1964 erhob sich 400 m weit draußen eine Massenansammlung wegen eines herankommenden Fahrgastschiffes. Es waren etwa 1000 Krähen und Dohlen, die auf dem Eis übernachteten.

Eine ähnlich ungewöhnliche Beobachtung stammt von Schuster (1954), der im Januar 1945 auf der zugefrorenen Warthe insgesamt 1800 Saatkrähen, Nebelkrähen und Dohlen nächtigen sah.

Abweichende Schlafgewohnheiten können sich möglicherweise auch durch klimatische Einflüsse ausbilden. Frank (1950) sah auf dem Berg Opuk (Krim, UdSSR) Dohlen. Die Männchen verließen auch zur Brutzeit die Nistfelsen, um auf einer anderen Felsengruppe zu nächtigen, wo im Winter die ganze Population zum Schlafen einfiel. Hier schliefen sie zur Brutzeit gemeinsam mit den Staren.

15. Beringung und Markierung

Im Vergleich zu den kleineren Singvogelarten sind in den zurückliegenden Jahrzehnten sehr wenig Dohlen beringt worden. In der Schweiz wurden nach Zimmermann (1951) von 1911 bis 1948 nur 344 Dohlen beringt, was einem jährlichen Durchschnitt von nur 9 Vögeln entspricht. Aus diesen Beringungen ergaben sich fast keine Fernfunde, und Wiederfunde älterer Dohlen blieben ganz aus. Durch Zimmermann wurde die Dohlenberingung wieder aktiviert: 1949 und 1950 mit 137 Beringungen.

Auch in der DDR gewinnt die Dohlenberingung an Bedeutung. Nach Pörner

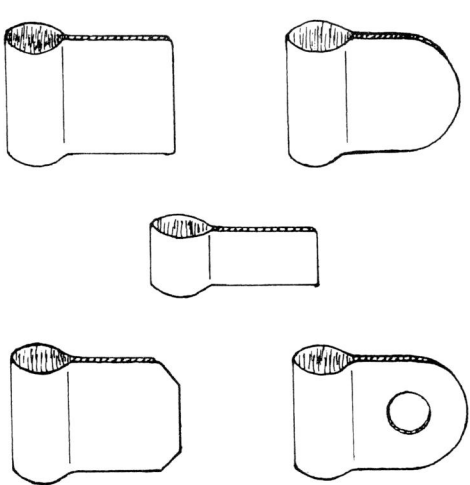

Abb. 72. Fünf Varianten für die Farbberingung in 8 mm und 16 mm Breite. Orig.

(1982) wurden von Beringern der Vogelwarte Hiddensee bis 1970 jährlich durchschnittlich 37 junge Dohlen, ab 1974 aber jeweils 210 beringt.

Die herkömmliche Beringung mit Aluminiumringen wurde inzwischen ergänzt durch zusätzliche Farbringe aus Zelluloid (auch Zellhorn genannt), so daß durch entsprechende Kennfarben aus relativ großer Entfernung Jahrgang und Herkunft (Ort, Kolonie) abgelesen werden können. Die Farbberingung wurde für ethologische Forschungen bereits vor 60 Jahren von Lorenz (1931, 1971) an aufgezogenen und freifliegenden Dohlen verwendet und auch von Zimmermann (1951) zur Klärung populationsdynamischer Fragen genutzt.

Für viele Vogelarten haben sich farbige Zelluloidringe bereits gut bewährt (Bub u. Oelke 1985), jedoch ist das Ausbleichen des Farbstoffes durch Lichteinwirkung möglich. Die Farbe Gelb ist am auffälligsten. Bub u. Oelke nennen auch fluoreszierende Farben und führen in ihrer Farbenreihe Rot, Gelb, Orange, Grün, Blau, Weiß und Schwarz auf. Bei schwarzeloxierten Alu-Ringen ergaben sich bei eigenen Beobachtungen unter mangelhaften Lichtverhältnissen erhebliche Schwierigkeiten, auf 70 m Entfernung mit dem Fernrohr schwarze Ringe von dunkelgrünen zu unterscheiden, da sich beide Farben von den schwarzen, grobgeschilderten Dohlenläufen nur schlecht abheben.

Zelluloid ist bei 90 °C verformbar, so daß die Selbstanfertigung (für Beringer, nur in Absprache mit der zuständigen Vogelwarte!) möglich ist. Es kommen neben einfachen, geschlitzten Ringen auch solche mit Laschen in Frage, die fahnenartig die Kennzeichnung signalisieren. Durch verschiedene Ringbreiten und Formen der Laschen sind relativ viele Varianten möglich.

Für das Verkleben der Laschen (Innenseiten) ist Azeton gut verwendbar (Nagel 1938). Ein Nachteil dieser Markierung liegt im erheblich größeren Zeitaufwand, denn es muß für jeden Zelluloidring das Abbinden des Klebers abgewartet werden. Während dieser Zeit (etwa 1–2 min) werden die Laschen am Vogelfuß mit einer Flachzange fest zusammengedrückt. Für den Jahrgang und Ort (Kolonie) sind zwei Farbringe erforderlich, also mit dem Aluminiumring insgesamt 3 Ringe. Pro Vogel kann somit der Zeitaufwand etwa 4 min betragen, so daß die Mithilfe einer zweiten, evtl. sogar einer dritten Person sehr erwünscht ist.

Junge Dohlen werden zweckmäßig im Alter von 20 bis 25 Tagen beringt. Der Fang der Brutvögel auf dem Nest ist riskant, weil (besonders während der Bebrütung des Geleges) das Nest verlassen werden kann. Wo es die örtlichen Verhältnisse der Dohlenkolonie in den Bezirken Gera und Halle zulassen, verwenden die Beringer Kescher und fangen die ausfliegenden Altvögel außerhalb des Nestes, wodurch bisher jegliche Verluste vermieden werden konnten (Dr. Zaumseil mündl.).

16. Beringungsergebnisse (Ringfundmitteilung der Vogelwarte Hiddensee 1/86)

16.1. Ortstreue

Für die Bestandsentwicklung einer Population ist auch die Ortstreue von Bedeutung. Die nachfolgend aufgelisteten Wiederfunde stammen alle vom Beringungsort (BO). In fünf Fällen wurden Jungdohlen bereits im Folgejahr am Beringungsort wiedergefunden (o).

Beringung	Wiederfund	erreichtes Alter Jahre-Mo-nate-Tage
Hiddensee 5 003 066 Njg. 08.06.1965 Zschopau	xA 29.07.1974 BO	9-1-21
5 007 412 Njg. 23.05.1966 Zschopau	xA 22.07.1974 BO	8-2-0
5 010 383 Njg. 20.06.1971 Ribnitz	x 18.10.1972 BO	1-3-28 (o)
5 021 027 Njg. 31.05.1977 Jena	v 19.05.1979 BO	1-11-19
5 021 150 Njg. 14.05.1978 Jena	zuf. erbeutet 29.09.1979 BO	1-4-15 (o)
5 034 609 Njg. 24.05.1978 Jena	x 19.05.1979 BO	0-11-26 (o)
5 042 620 Njg. 26.05.1975 Jena-Göschwitz	xA 06.04.1976 BO	0-10-11 (o)
Radolfzell E 9 246 Njg. 20.05.1952 Riesa	R 06.10.1957 BO	5-4-16
E 16 636 Njg. 14.05.1954 Zschopau	i 09.07.1960 BO	6-1-25
E 16 680 Njg. 01.06.1975 Zschopau	x 25.06.1962 BO	7-0-24
E 20 372 Njg. 30.05.1956 Zschopau	xA 01.08.1974 BO	18-2-2
Helgoland 5 054 135 Njg. 19.05.1962 Weißenfels	x Sommer 1963 BO	etwa 1 Jahr (o)

Die in dieser und der folgenden Übersicht verwendeten Kürzel bedeuten:

v – gefangen und frei (kontrolliert)
x – frischtot oder sterbend gefunden
xA – Totfund (länger liegend)
R – nur Ring gefunden
i – verletzt oder krank gefunden
ix – verletzt gefunden, dann gestorben
ik – verletzt gefunden, dann gekäfigt
o – geschossen oder getötet.

16.2. Abweichungen von der Ortstreue

Nachfolgend Wiederfunde nestjung beringter Dohlen in Entfernungen bis 100 km:

Beringung		Wiederfund und Entfernung	erreichtes Alter
Hiddensee 5 003 060 Njg. 08.06.1965 Zschopau	x	24.03.1967 Falkenberg/Frei- berg 30 km	1-9-25
5 003 622 Njg. 27.05.1971 Zeulenroda	R	(in Gewölle) 09.07.1974 Auma 7 km	3-1-12
5 005 725 Njg. 05.06.1965 Zerbst	x	13.09.1966 Großkayna 80 km	1-3-8
5 007 730 Njg. 23.05.1976 Insel Riems	ix	30.04.1977 Greifswald 10 km	0-11-7
5 034 836 Njg. 02.06.1973 Auma	x	05.06.1974 Altenburg 50 km	1-0-3
5 035 788 Njg. 05.06.1972 Altremda	xA	25.09.1973 Rudolstadt- Schaala 7 km	1-3-20
5 043 765 Njg. 29.05.1977 Ichtershausen	x	23.03.1979 Wickerstedt 43 km	1-9-25
Radolfzell E 10 356 Njg. 02.06.1954 Einsiedel	i	(wird gepflegt) 14.04.1957 Zschopau 7 km	2-10-12
E 16 639 Njg. 14.05.1954 Zschopau	R	15.06.1956 Scharfenstein 5 km	2-1-1
E 22 207 Njg. 11.06.1955 Zwickau	ix	12.06.1959 Greiz 23 km	4-0-1
E 27 542 Njg. 07.06.1957 Limbach-Ober- frohna	x	07.09.1965 Karl-Marx-Stadt 12 km	8-3-0
E 29 490 Njg. 14.05.1959 Wolkenstein Kr. Zschopau	xA	14.06.1960 Schwarzenberg 25 km	1-1-0
E 35 116 Njg. 29.05.1959 Freiberg/Sa.	x	11.01.1962 Karl-Marx-Stadt 32 km	1-7-13
E 35 120 Njg. 02.06.1959 Oederan/Sa.	+	06.06.1960 Hilbersdorf/Sa. 16 km	1-0-4

E 41 314
Njg. 19.05.1960 Oederan/Sa.   ik   05.05.1961 Oberschöna bei   0-11-16
                                                   Freiberg/Sa. 8 km

E 51 333
Njg. 23.05.1962 Riesa   xA   26.06.1972 Bautzen 80 km   10-1-3

16.3. Wanderungen junger Dohlen über Entfernungen von mehr als 100 km

Junge Dohlen können im Alter von 6 Monaten (gerechnet ab Beringung) auf ihrer ersten Wanderung, die in den meisten Fällen nach SW und WSW führt, Strecken bis 2000 km bewältigen (z.B. Dohlen aus polnischen Brutgebieten). Zieht man als Winterquartier für deutsche Dohlen Frankreich in Betracht, werden Entfernungen von 500 bis etwa 950 km erreicht. Nachfolgend 12 Wiederfunde junger Dohlen in ihren Winterquartieren bzw. auf den Wanderwegen dorthin:

Hiddensee 5 009 336
Njg. 08.06.1970 Zschopau 50.45 N, 13.04. E DDR
+ Ende März 1971 gefangen und getötet Saint-Viâtre, „La Borde" (Loire et Cher) 47.31 N, 01.56 E Frankreich. 760 km WSW

Hiddensee 5 033 782
Njg. 04.06.1971 Auma (Kr. Zeulenroda) 50.42 N, 01.56 E DDR
08.11.1971 tot gefunden Châteauroux, von Indre 46.49 N, 01.42 E Frankreich. 825 km SW

Hiddensee 5 049 133
Njg. 03.06.1977 3 km SE Nossen (Kr. Meißen) 51.10 N, 13.28 E DDR
x 15.11.1977 tot gefunden Buzancais (Indre) 46.54 N, 01.24 E Frankreich. 939 km SW

Hiddensee 5 062 888
Njg. 14.05.1981 Penig (Kr. Rochlitz) 50.56 N, 12.43. E DDR
+ 00.10.1981 gefangen und getötet St. Cyrenval (Loiret) 47.50 N, 01.58 E Frankreich. 850 km WSW

Hiddensee 5 063 446
Njg. 22.05.1980 Jena-Göschwitz 50.56 N, 11.36 E DDR
x 16.08.1981 tot gefunden Witzenhausen 51.20 N, 09.52 E BRD 128 km WNW

Rossitten D 52 069
Njg. 10.06.1940 Scharfenstein b. Zschopau 50.42 N, 13.04 N, 13.04 E DDR
x Januar 1941 tot gefunden Mühlhausen/Elsaß 47.45 N, 07.21 E Frankreich. 535 km SW

Radolfzell E 25 244
Njg. 26.05.1957 Zwickau 50.43 N, 12.30 E DDR
x 17.11.1957 tot gefunden Belrupt (Meuse) Frankreich. 500 km SW

Radolfzell E 29 858
Njg. 19.05.1959 Oederan (Kr. Flöha) 50.52 N, 13.10 E DDR
x 16.01.1960 tot gefunden zwischen Villeneuve la Dondagre und Foucheres (Yonne)
Frankreich. 760 km SW

Radolfzell E 34 507
Njg. 17.05.1959 Leina (Kr. Gotha) 50.54 N, 10.38 E DDR
x 16.11.1959 tot gefunden Change, 10 km E von Le Mans (Sarthe) Frankreich. 870 km
SW

Radolfzell E 35 149
Njg. 02.06.1962 Freiberg/Sa. 50.54 N, 13.21 E DDR
+ 22.11.1962 getötet Couargues par Sancerre (Cher) 47.20 N, 02.50 E Frankreich.
820 km SW

Helsinki S 72 774
Njg. 09.06.1976 Valkeakoski, Hämeen 61.12 N, 23.59 E Finnland
+ 04.02.1977 getötet Greifswald 54.06 N, 13.23 E DDR 1050 km SW

Moskau E 617 832
Juv. 08.06.1963 bei Auce 56.28 N, 22.52 E Lettische SSR
x 15.01.1964 vergiftet Dreetz (Kr. Kyritz) 52.48 N, 12.28 E DDR 800 km SW

16.4. Zur Emigration in Entfernungen über 100 km

Manche Wiederfunde zeigen, daß mehrjährige Dohlen nicht wieder in die Nähe ihres
Geburtsortes zurückkehren, sondern sich zur Brutzeit in großer Entfernung aufhalten:
Rossitten E 146 485
Njg. 29.05.1943 Gransee 53.00 N, 13.10 E DDR
x 01.06.1952 tot gefunden Fürstenau, 35 km NW Osnabrück 52.31 N, 07 39 E BRD.
350 km W

Rossitten D 71 213
Njg. 10.06.1938 Scharfenstein b. Zschopau 50.42 N, 13.04 E DDR
x 16.05.1941 tot gefunden Höchstädt/Donau 48.37 N, 10.35 E BRD 200 km SSW

Hiddensee 5 003 815
Njg. 28.05.1968 Freiberg/Sa. 50.54 N, 13.21 E DDR
xA 31.03.1972 tot gefunden Kleinbodungen b. Nordhausen 51.28 N, 10.32 E DDR
200 km WNW

Dieser letzte Wiederfund ist nicht als sicherer Ausbreitungsversuch anzusehen, da
der Todestag unbekannt ist (xA) und diese Dohle möglicherweise doch in ihre Geburtsheimat zurückgekehrt wäre. Ähnliche Vermutungen ergeben sich beim Wiederfund von beringten Fänglingen:

Hiddensee 5 003 614
o Fängling 09.12.1971 Frankfurt/O. 52.20 N, 14.33 E DDR Mai 1974 /?/ Art des Wiederfunds unbekannt. Witebsker Gebiet bei Orscha 54.32 N, 30.24 E Belorussische
SSR. 1060 km ENE

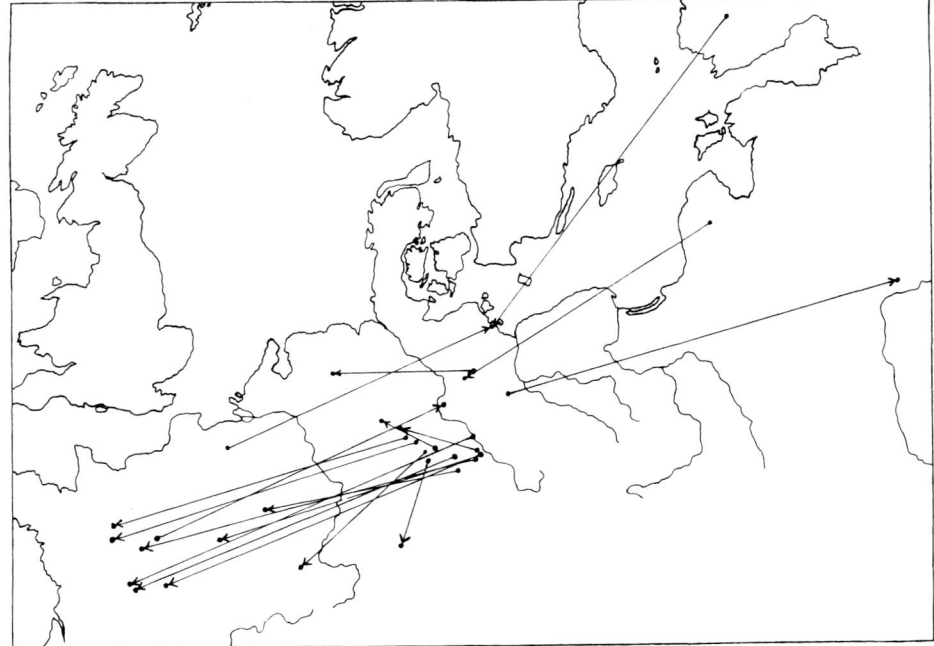

Abb. 73. Fernfunde beringter Dohlen in mehr als 100 km Entfernung. Bei den in entgegengesetzter Richtung gezogenen Vögeln (von Frankfurt/O. nach Orscha/Beloruss. SSR; von Thuin/Belgien nach Greifswald und von Saint Jean Le Blanc (Loiret)/Frankreich nach Zerbst) handelt es sich um im Winter beringte Vögel, die offenbar in ihre Brutheimat zurückkehrten. Orig.

Bei dieser Dohle kann es sich um einen Wintergast aus der UdSSR gehandelt haben, der sich zur Brutzeit wieder in seinem Brutgebiet aufhielt.

16.5. Zur Altersstruktur bei Wiederfunden

Da für die Ermittlung des durchschnittlich erreichten Alters keine gefangenen, gepflegten bzw. wieder freigelassenen Ringvögel berücksichtigt werden können, kamen nur 44 Totfunde von insgesamt 51 am Beringungsort gefundenen Dohlen in die Berechnung.

Geringstes Alter: 3 Tage
Höchstalter (theoretisch):   18 Jahre, 2 Monate, 6 Tage
Durchschnittsalter: 1 Jahr, 9 Monate, 6 Tage.

Die über dem Durchschnitt liegenden Vögel erreichten folgendes Alter:

2 Jahre, 3 Monate, 18 Tage   8 Jahre, 2 Monate, 1 Tag xA
2 Jahre, 10 Monate, 27 Tage   9 Jahre, 5 Monate, 2 Tage xA
5 Jahre, 3 Monate, 24 Tage   9 Jahre, 5 Monate, 3 Tage xA

5 Jahre, 4 Monate, 19 Tage   18 Jahre, 2 Monate, 2 Tage xA
7 Jahre, 25 Tage
Da das Symbol xA anzeigt, daß Todestag und Funddatum nicht identisch sind, verringert sich das errechnete Alter des Vogels um diesen unbekannten Betrag.
Wiederfunde in mehr als 100 km Entfernung:

Anzahl der Vögel: 17
Geringstes Alter: 86 Tage
Höchstalter: 9 Jahre, 3 Tage
Durchschnittsalter: 1 Jahr, 7 Monate, 5 Tage
Die älteste Dohle dieser Gruppe ist Rossitten E 146 485.

17. Schutzmaßnahmen

Um dem bedrohlichen Bestandsrückgang der Dohle entgegenzuwirken, ist ein ganzes Programm von Schutzmaßnahmen notwendig. Daß die Dohle nicht mehr bejagt wird, hat die Bestandssituation bisher kaum bessern können. Ein großer Teil der erforderlichen Aktivitäten muß darum bereits auf die Brutstätten konzentriert werden, wie es in einigen Abschnitten dieser Monographie angeregt wurde.
Eine wesentliche Voraussetzung für optimale Bruterfolge in Gebäuden ist die Verschlußsicherheit der Zugänge. Unbefugten ist der Zutritt während der Brutzeit zu verwehren, und auch für die absolute Fernhaltung von Katzen (ebenso wilder Raubsäuger) ist Sorge zu tragen. Der Schutz der Brutstätten vor Zugluft, etwaige Entfernung von Glaswolle und der Ersatz durch ungefährliches Polstermaterial, auch die Abwendung von Nässe infolge Regenwetters sind während der Brutzeit ständige Pflichten des Betreuers bzw. Vogelwartes. In Heuckewalde war im Mai 1986 die Rettung der einzigen Kaminbrut nur dadurch möglich, daß nach schweren Regenfällen das durchnäßte Nistmaterial herausgenommen und provisorisch getrocknet wurde. Danach nahmen die Kamindohlen das Gelege wieder an.
Sicherlich sind viele kleine, aber praktikable Schritte eher realisierbar als in fernerer Zukunft liegende Ideallösungen, wie sie Plath (Mskr.) u. a. durch die Zuerkennung eines Schutzstatus (Naturdenkmal o. ä.) für alle Dohlenkolonien fordert. Dagegen ist die Aufklärung aller Eigentümer und Rechtsträger über die gegenwärtige Bestandssituation ein unerläßlicher Teil der Schutzmaßnahmen (Plath, Mskr.), was auch für Baumbrüterkolonien gilt. Der Abholzung alter, höhlenreicher Buchen und Eichen in Dohlenkolonien ist vermutlich nicht immer eine solche Aufklärung vorangegangen. Dieses Problem wird in vielen europäischen Staaten immer sichtbarer, nach Mildenberger (1984) für das Rheinland (BRD) wie für die VR Bulgarien, das in historisch kurzer Zeit einen sehr großen Teil seines Waldbestandes verloren hat (Nankinov 1981) und wo nach Trenovski (1981) durch die Abholzung nicht nur Dohlen, sondern auch weit seltenere Vogelarten vom Bestandsrückgang betroffen sind: Blauracke, Wiedehopf, Hohltaube, Zwergohreule, Wendehals u. a.
In der DDR wurde die Dohle durch die Artenschutzbestimmung vom 1.12.1984 in die Rubrik d gestellt: Geschützte kulturell und volkswirtschaftlich wertvolle Arten.

18. Aufzucht junger Dohlen in Gefangenschaft

Für die Aufzucht junger Dohlen sollten grundsätzlich vertretbare Gründe vorhanden sein. Die Entnahme gesunder Dohlen aus dem Nest mit dem Ziel, sie von Kindern aufziehen zu lassen, gehört nicht dazu, denn schon allein die nahrungsökologischen Ansprüche der Jungdohlen stellen den Erfolg in Frage. Die fachgemäße Aufzucht zurückgebliebener oder verunglückter Dohlen mit dem Ziel der späteren Auswilderung kann hingegen noch zu den Schutzmaßnahmen gezählt werden. In der DDR ist die Entnahme von Dohlen für Zwecke der Aufzucht und privaten Haltung durch den im vorigen Abschnitt genannten Schutzstatus in jedem Fall genehmigungspflichtig, was in einigen anderen europäischen Staaten ähnlich gehandhabt wird.

Im allgemeinen werden zur Aufzucht bestimmte junge Dohlen kurz vor dem Flüggewerden aus dem Nest genommen. Die Aufzucht von Nestgeschwistern verschiedenen Geschlechts ist für den Fall der beabsichtigten Paarbildung wegen Inzucht unzweckmäßig.

Das Hauptproblem ist das der Ernährung, denn der Bedarf an tierischem Eiweiß ist sehr hoch. Den Untersuchungen von Gasow (1949) und Zimmermann (1951) ist zu entnehmen, daß Maikäfer *(Melolontha)* und Junikäfer *(Amphimallon solstitialis)* eine erhebliche Rolle spielen. Diese Insektenarten sind in vielen Gebieten in ihrem Bestand inzwischen so reduziert, daß sie derzeit für Futterzwecke kaum zur Verfügung stehen. Ihr Ersatz durch Mehlwürmer (Larven von *Tenebrio molitor*) stellt eine einseitige Ernährung dar, so daß diese Nahrung nur vorübergehend in Frage kommt. Hierbei ist auch das Problem hoher Kosten zu beachten.

Kaatz (1984), der 12 junge Dohlen bereits im Alter von 14 bis 16 Tagen aus dem Nest nahm, stellte eine Futtermischung zusammen aus 30 % Schafpellets, 30 % Eintagsküken, 20 % Gehäuseschnecken und 20 % Eiern, Gras, Babyfertignahrung und Gartenerde. Dieses im Fleischwolf (außer Eiern und Babyfertignahrung) zerkleinerte Futter wurde als Brei auf Vorrat gefertigt, in Plastschachteln abgefüllt und tief eingefroren. Pro Tag und Vogel wurden dann 60–80 g aufgetaut, auf 37 °C vorgewärmt und pro Tag und Vogel 1 ml flüssiges Vitaminpräparat (Ursovit; A, D_3, E) sowie Wasser zugesetzt. Von 7 Uhr bis etwa 20.30 Uhr wurden die Vögel im Abstand von 2 Stunden gefüttert mit Hilfe einer 100 cm³-Tortengarnierspritze, getränkt mit einer Injektionsspritze. Wegen der noch nicht abgeschlossenen Gefiederentwicklung mußte für die Kleinsten eine Bestrahlung durch Infrarotwärmelampe eingerichtet werden.

Dieser hohe Aufwand ist für die Aufzucht von 1 oder 2 jungen Dohlen kaum zu vertreten und auch nicht erforderlich, wenn die Tiere erst mit reichlich 30 Tagen in Pflege genommen werden und nicht, wie bei Kaatz, eine frühe Prägephase für den späteren Brutplatz angestrebt wird.

Bei meinen beiden Dohlen war ein freiwilliges Sperren zunächst nicht zu erreichen, so daß die Handfütterung schwierig war. Rohes Herzfleisch wurde zur Hauptnahrung. Da aber den Vögeln die für die Verdauung und Gewöllbildung notwendigen Chitinteile der Insekten fehlen, bestreute ich das feingeschnittene Herzfleisch mit grobem Mehlwurmschrot, zuweilen auch mit Haferflocken. Daneben verfütterte ich mit allmählich steigendem Anteil weiße Mäuse aus der Labortierzucht. Die frischtoten Mäuse wurden in kleine Stücke zerteilt und bis auf die Schwänze verfüttert. Mit zwei

Fingern der linken Hand wurde der Schnabel offen gehalten und mit dem rundlichen Ende eines Plastelöffels jeweils einige Fleischbrocken in den Rachen geschoben.

Nach 8 Tagen Handfütterung schnappten die Dohlen erstmals nach vorgehaltenen Futterhappen, was die weitere Fütterung sehr erleichterte. Im Alter von 37 Tagen gaben sie die ersten Gewölle ab. Auf die Farbe Rot reagierten die Vögel aktiv, so daß sich zerteilte Süßkirschen gut verfüttern ließen. Meine Dohlen nahmen dagegen kein gekochtes, gehacktes Hühnerei, weder kalt noch warm, auch keine Regenwürmer und keine Schnecken, keine warmen Essenreste und nur ungern gekochtes Fleisch. Rosinen wurden nicht genommen.

Ich nahm meine Dohlen mit in unseren Garten am Hause, und sie zupften vegetabilische Nahrung ab: Blätter, Blüten (Erbsen!), Halme und Beeren, besonders gern rote Johannisbeeren. Die vielseitige Zusammensetzung ihrer Nahrung ist nicht nur an den Gewöllen, sondern vor allem an der Konsistenz der Exkremente abzulesen. Laufen diese nicht schlammig auseinander, sondern sind etwas plastisch-fest, so ist die Ernährung in Ordnung.

Noch vor dem Flüggewerden zeigte sich bei den beiden Dohlen ein Sozialverhalten, das man Scheinfüttern nennen kann. Ein Jungvogel stellt sich vor den anderen, öffnet den Schnabel weit und schlägt bettelnd mit den Flügeln. Der andere Vogel steckt seinen Schnabel nur zuweilen in dessen Rachen, meist wird nur dessen Unterschnabel gepackt. Dieses Spiel kann wechselseitig ablaufen. Als ich den Vögeln in dieser Situation Futter anbot, nahmen sie es nicht. Das Scheinfüttern hat jedenfalls nichts mit Hunger zu tun, sondern läuft vor dem Hintergrund eines sozialen Kontaktbedürfnisses ab, dem beide Individuen mit ihren angeborenen Verhaltensweisen unterlegen.

Die Prägung auf den Pfleger ist bereits am zweiten Tag nach der Entnahme aus dem Nest vollzogen, sofern dieser sich oft genug mit diesen Vögeln beschäftigt und sie gewähren läßt, wenn sie sich wärme- oder schutzsuchend anlehnen, zuweilen einschlafen, dann im Spieltrieb jeden Leberfleck untersuchen und Achselhöhlen und Ohren des Pflegers auf Versteckmöglichkeiten für Fleischhappen und Mehlwürmer prüfen.

Bevor meine Dohlen selbständig Nahrung aufnehmen konnten, lernten sie im Alter von 48 Tagen erst das Trinken. Hingeworfene Fleischstücke wurden in diesem Alter mit dem Schnabel gepackt, aber bald wieder fallengelassen. Hatte eine Dohle jedoch eine Schmeißfliege *(Calliphora vicina)* im Schnabel, wurde diese nach einigem Spiel von Schnabel und Zunge verschluckt. Erst im Alter von 50 Tagen nahmen die Dohlen selbständig Fleischstücke auf, die mit Haferflocken bestreut waren. Auch der selbständige Fliegenfang setzte von nun an verstärkt ein.

Als Wasser in ein Waschbecken gelassen wurde, stürzte sich die auf meiner Schulter sitzende Dohle in das Wasser und badete mit fast unbeschreiblicher Turbulenz! Dabei sahen die Dohlen vorher kein Badewasser, so daß hier eine angeborene Triebhandlung angenommen werden muß. Ähnlich verhält es sich mit einigen anderen Verhaltensweisen. Gegenüber einem fremden Hund (Langhaarteckel) zeigte eine aufgezogene Dohle Mißtrauen, machte sich lang und äugte argwöhnisch. Ähnlich reagierte derselbe Vogel, als ein fremdes, fünfjähriges Kind erschien. Dagegen zeigen aufgezogene Dohlen keine Angst vor Stallkaninchen und Meerschweinchen und nähern sich ihnen neugierig.

Als ich meine beiden Dohlen erstmals in unseren Hausgarten nahm, entdeckten sie in der alten Bruchsteinmauer eine Lücke und flogen sogleich hinein. Ihr gesamtes

Verhalten in dieser Höhle, ihre stille Geschäftigkeit, ihre Ausdauer und das nestbau-ähnliche Sortieren von altem Laub u. ä. lassen die spontane Hinwendung zu altem Gemäuer als Ausdruck des ihnen angeborenen Felsbrütens interpretieren.

Nach einem Monat Aufzucht war eine andere Vorzugsnahrung in den Vordergrund getreten. Das Verfüttern eines gefangenen, frischtoten Haussperlings führte dazu, daß von nun an Sperlingsfleisch bevorzugt und Mäusefleisch verschmäht wurde. Mehlwürmer behalten dagegen stets ihre dominierende Rolle als Lockspeise, was auch Lorenz (1931) betont. Es werden nun auch Laufkäfer *(Carabidae)* erbeutet, jedoch keine Raupen. Nur gelegentlich und offensichtlich ungern wurden kleine Schnecken aufgenommen, kaum Regenwürmer.

Den ganzen Sommer über werden eifrig Schmetterlinge gejagt, besonders Weißlinge *(Pieridae)*, aber nur selten erbeutet. Im Laufe des Monats August tritt die Fleischnahrung immer mehr in den Hintergrund und Kirschen, Himbeeren, Birnenstücke, grüne Erbsen, Salat und Gurkenstücke werden genommen. Weinbeeren sind für Dohlen eine Delikatesse. Diese werden jedoch nicht von der Rebe gerissen, sondern nur vom Erdboden aufgelesen. Als weitere vegetabilische Nahrungsquelle erwies sich das Weichfutter (Pellets) von Zierenten.

Spätestens ab Ende Juli sind die gelblichen Schnabelwülste des Jugendstadiums verschwunden, und die junge Dohle sieht nun fast wie ein Altvogel aus. Im Verlauf ihrer weiteren Entwicklung können junge Dohlen, ständigen Kontakt mit dem Pfleger bzw. dessen Familienmitgliedern vorausgesetzt, menschliche Stimmen nachahmen, was wohl besonders bei der Haltung weniger Individuen bzw. von Einzelvögeln auftritt. Unbeobachtet und sich selbst überlassen, hörte ich sie leise vor sich hin erzählen: *„och gott och gott, o jeh o jeh, och gott nee ...",* und K. Sperhake hörte sie sogar menschliche Pfeiflaute nachahmen.

Nach zweimonatiger Aufzucht haben Dohlen im Freiflug die Nachbarschaft im Umkreis von 500 m längst erforscht. Der Pfleger wird auf dem Rad und auch auf dem Moped von der fliegenden Dohle begleitet, die sich dabei zuweilen sogar auf die Schulter des Pflegers setzt. Die enorme Anhänglichkeit aufgezogener Dohlen ist oftmals nicht auf den Pfleger beschränkt, sondern kann auf Familienangehörige und Hausbewohner ausgedehnt werden. Diese Effekte der Prägung können jedoch ganz oder teilweise wieder gelöscht werden durch plötzliche, vom Pfleger ausgehende Aktionen, die mit Schock oder Schmerz für den Vogel verbunden sind, etwa wenn er gewaltsam eingefangen werden soll. Um diesen Nachteil zu umgehen, wird das Abwehrverhalten des Vogels auf einen anonymen Menschen gelenkt, indem der Pfleger sich vermummt. Diese Technik benutzten Lorenz (1931) und auch Kaatz (1986), letzterer in der Dunkelheit, um Dohlen im Gehege mit dem Kescher zu fangen.

Nach rasanten Flugspielen (Taubenjagen) in sommerlicher Hitze kam es mehrmals vor, daß eine Dohle mit Symptomen von Gleichgewichtsstörungen liegenblieb: schiefgehaltener Kopf, sperrender Schnabel, asymmetrische Flügelhaltung, einen Flügel gestreckt, einen angezogen. Die Befürchtung eines plötzlichen Todes durch Kreislaufversagen bestätigte sich aber nicht. Möglicherweise liegt Vitaminmangel (Vitamin B und E) vor (Dr. Kaatz briefl.). Diese Mangelerscheinung soll u. a. bei der Verfütterung von Nahrung mit überlagertem Fett auftreten, wodurch die Vitamine angeblich unwirksam werden. Zur Abwendung von Vitaminmangel gibt Kaatz (1986) in das Dohlenfutter (70 % Mäuse und Schafpellets, 20 % Eintagsküken, 10 % Äpfel, Salat, Gras, Erde) wöchentliche Zusätze von Spurenelementen und Vitaminen mit den Präparaten Betapan und Afarom. Auch flüssige Vitaminpräparate (z. B. Ursovit) sowie aufgelöste Bäckerhefe (Vitamin B) sollen gut wirken, jedenfalls sind gesundheitliche Probleme im Dohlenbestand in Loburg noch nicht aufgetreten (Dr. K a a t z briefl.).

Die Aufzucht junger Dohlen und ihre Haltung unter Freiflugbedingungen ist nicht ganz problemlos. Sie können sich zur Zugzeit den Corvidenschwärmen anschließen und wegfliegen oder durch ihre spielerische Aggressivität gegenüber Haustauben dem Pfleger manchen Kummer bereiten. Wo diese Probleme bewältigt werden, hat der Pfleger die Aussicht, mit diesen reizvollen und anhänglichen, aber auch neugierig-temperamentvollen Vögeln vielleicht über Jahre viele genußreiche Stunden erleben zu können.

19. Danksagung

Von vielen Seiten erhielt ich Unterstützung. Für schriftliche und mündliche Mitteilungen, Hinweise, Ratschläge sowie Auszüge aus Datensammlungen und Manuskripten und sonstige Mitarbeit danke ich Frau A. B e r g e r (Freyburg/Unstrut) sowie den Herren Dr. G. C r e u t z (Neschwitz), Prof. Dr. Dr. H. D a t h e (Berlin), S. E c k (Dresden), Prof. Dr. W d. E i c h l e r (Berlin), J. F r a n k (Niederfrankenhain), R. G n i e l k a (Halle), M. G ö r n e r (Jena), Dr. W. G o r g a s s (Zerbst), Prof. Dr. L. v. H a a r t m a n (Helsinki), H. H a m p e (Dessau), Dr. G. H a r t w i c h (Berlin), J. H e y e r (Jena), R. H o l z (Halberstadt), Dr. Ch. K a a t z (Loburg), H. K o p s c h (Falkenhain), Dr. M. G r a s s und seinen Mitarbeitern der Labortierzucht des VEB Jenapharm (Jena), Dr. H.-P. L i e b e r t (Neustadt/Orla), K. L i e b s c h e r (Freiberg), M. M e l d e (Biehla), E. M e y (Rudolstadt), R. O r t l i e b (Helbra), Dr. H.-U. P e t e r (Jena), L. P l a t h (Rostock), Dr. H. P o n t i u s (Erfurt), Dr. V. R u d a t (Jena), D. S a e m a n n (Karl-Marx-Stadt), K. S c h m i d t (Barchfeld/Werra), W. S e m m l e r (Jena), R. S t r i e g l e r (Cottbus), Dr. J. S y n n a t z s c h k e (Leipzig), Dr. H. V e r o m a n n (Tartu), K. W e i s b a c h (Leipzig), Dr. H.-D. W i l l k o m m (Sauen), Dr. H. E. W o l t e r s (Bonn) und Dr. J. Z a u m s e i l (Naumburg).

Für die Überlassung zahlreicher Ringfunddaten danke ich der Vogelwarte Hiddensee und hier besonders Herrn Dr. R. S c h m i d t für spezielle Hinweise und Korrekturen. Für langjähriges freundliches Entgegenkommen habe ich dem Rat der Gemeinde Heuckewalde (Kr. Zeitz) zu danken wie auch meinem Kollegen M. H a u b e n r e i ß e r (Bad Köstritz), der für die Dohlenhege manche mühevolle Arbeit übernahm. Der Familie J. S p e r h a k e (Bad Köstritz) danke ich für die Mitarbeit bei der Dohlenaufzucht, den Herren T. N a d l e r (Dresden) und G. R i n n h o f e r (Eberswalde-Finow) für Dohlenbilder und nicht zuletzt I. v. H o p f f g a r t e n (Weimar), der die Zeichnung einer fliegenden Dohlengruppe beisteuerte.

20. Literaturverzeichnis

Adlersparre, A. (1936): Zum Thema „Vögel und Ameisen". - Orn. Mber. 44: 129–134; Aschoff, J., u. D.v. Holst (1960): Schlafplatzflüge der Dohle, *Corvus monedula* L. Proc. Int. Orn. Congr. Helsinki, S.55–70; Auer, W. (1957): Schneebaden bei Rabenvögeln. - Vogelwelt 75: 72

Bährmann, U. (1937): Über den Verlauf der Mauser bei *Coloeus monedula spermologus* Vieill.). - Mitt. Ver. Sächs. Orn. V (3): 115–118; dgl. (1961): Die Vögel des Schradens und seiner Umgebung. - Abh. Ber. Mus. Tierk. Dresden 26: 21–61; dgl. (1968): Über die individuelle und geographische Variation der Dohle (*Corvus monedula*). - ebd. 29: 177–190; Banzhaf, W. (1931): Ein Beitrag zur Avifauna Mazedoniens. - J. Orn. 79: 319–323; dgl. (1938) Der Frühjahrsvogelzug über die Greifswalder Oie nach Arten, Alter und Geschlecht. - Dohrniana 17: 23–69: Bastock, M. (1969): Das Liebeswerben der Tiere. Jena; Bau, A. (1902/03): Biologisches von der Rabenkrähe. - Z. Ool. 12: 81–86; Baumgart, W. (1970): Über die Vögel im Küstengebiet der südlichen Dobrudscha (Silberküste). - Falke 17: S.220–231; Bechstein, J.M. (1793): Gemeinnützige Naturgeschichte der Vögel Deutschlands nach allen drey Reichen. Bd. 2. Leipzig: Berndt, K., u. D. Drenckhahn (1974): Die Vogelwelt Schleswig-Holsteins. Bd. 1. Kiel; BFA Leipzig (o.J.): Ornithologische Beobachtungskartei Bezirk Leipzig; Blume, D. (1981): Schwarzspecht, Grünspecht, Grauspecht. - N. Brehm-Büch. 300; Bösenberg, K. (1962): Zum Problem des Einemsens einiger Vogelarten. - Falke 9: 262–264; Brehm, C.L. (1831): Handbuch der Naturgeschichte aller Vögel Deutschlands. Ilmenau; Brennecke, R. (1984): Artenliste der Vögel des Kreises Haldensleben. - Haldensleber Vogelk. - Inf. 2: 2–27; Brenning, U. (1955–1956): Vom Vogelzug in Mecklenburg. - Arch. Nat. Mecklenb. 2: 9–34; Bub, H. (1957): Beiträge zur Ornis Beßarabiens und Nordost-Rumäniens. - Falke 4: 96–98; dgl., u. H. Oelke (1985): Markierungsmethoden für Vögel. - N. Brehm-Büch. 535; Busse, P. (1963): Bird-ringing Results in Poland. Family Corvidae. - Acta Orn. 7: 189–220; dgl. (1969): Results of ringing of European Corvidae. - ebd. 11: 263–328

Collinge, W.E. (1918/24): The Food of some British Wild Birds. York; Conrad, A. (1984): Haussperling als Beute der Dohle. - Falke 30: 30; Creutz, G. (1935): Die Felsenbrüter des Elbsandsteingebirges. - Beitr. Fortpfl. Vögel 11: 197–209; dgl. (1955): Vögel hinter dem Pfluge. - Falke 2: 167–168; dgl. (1965): Ornithologenfahrt ins Donaudelta. - ebd. 12: 17–25; dgl. (1967): Die Verweildauer der Lachmöwe (*Larus ridibundus*) im Brutgebiet und ihre Siedlungsdynamik. - Beitr. Vogelk. 12: 311–344; dgl. (1981): Der Graureiher. - N. Brehm-Büch. 530.

Dawson, W.R., u. J.W. Hudson (1970): Birds. In: G.C. Whittow (ed.), Comparative Physiology of Thermoregulation. Vol. 1, S. 223–310. New York; Dement'ev, G.F., u. A. Gladkov (1954): Die Vögel der Sowjetunion. Bd. 4. Moskau; Dobbrick, L. (1921): Beitrag zur Dohlenfrage. - Orn. Mber. 29: 77–81; Drummond, H.M. (1846): List of the birds observed to winter in Macedonia. - Ann. nat. Hist. XVIII: 10–15; Dwenger, R. (1984): Beobachtungen am Horst der Turmfalken. - Falke 31: 198–204; Dybbro, T. (1976): De danske ynglefugles udbredelse. Kopenhagen

Eck, S. (1984): Katalog der ornithologischen Sammlung Dr. Udo Bährmanns (4. Fortsetzung). - Abh. Ber. Mus. Tierk. Dresden 40 (1): 14–23; Eichler, W. (1936): Die Biologie der Federlinge. - J. Orn. 84: 471–505; dgl. (1972): Vögel als Quecksilber-Opfer. Eine Analyse des Methylquecksilbers als Biozid im Ostseeraum. - Falke 19: 114–124; Eichstädt, W., u. W. Brose (im Druck): Die Vogelwelt des Kreises Pasewalk; Erz, W. (1968): Zum Auftreten von „Halsbanddohlen" (*Corvus monedula* ssp.) in Westfalen. - Anthus 5 (1): 4–8

Farkas, T. (1967): Ornithogeographie Ungarns. Berlin; Fischer, W. (1960): Vogelbeobachtungen im Tierpark Berlin I. - Milu 1: 15–34; dgl. (1965): Vogelbeobachtungen im Tierpark Berlin III. - ebd. 2: 47–68; Folk, C. (1962): Über die Brutzeit, postembryonale Gewichtszunahme und Nahrung der Dohle (*Corvus monedula*). Sbornik přednášek. 2. celost. konfer. ČOS Praha 1962, S. 55–60; Frank, F. (1950): Die Vögel von Opuk (Schwarzmeer-Gebiet). - Bonner Zool. Beitr. 1: 144–214; Frase, R. (1936): Der Fischreiher, *Ardea c. cinerea* L. in der Grenzmark Posen-Westpreußen. - Abh. Ber. Grenzmärk. Ges. Schneidemühl 11: 1–43; Frieling, H. (1942): Großstadtvögel. Stuttgart; Fritsch, G. (1981): In: Avifauna des Kreises Merseburg. Museum Merseburg, Sonderh. 19: 77

Gasow, H. (1949): Zur Kenntnis der Nahrungsbestandteile unserer Dohle (*Coloeus monedula* L.). - Vogelwelt 70: 133–139; Gebhardt, E. (1944): Dohlen fressen Eicheln. - Beitr. Fortpfl. Vögel 20: 98; Gentz, K. (1966): Wie alt werden Vögel? - Falke 13: 190–195; Glutz v. Blotzheim, U.N. (1964): Die Brutvögel der Schweiz. Aarau; Goodwin, O. (1947): Anting of tame Jay. - Brit. Birds 40: 274–275 (Ref. in Orn. Berichte 1948: 246–247); dgl. (1951): Some aspects on the behaviour of the Jay *Garrulus glandarius*. - Ibis 93: 414–442 u. 602–625; Grimm, E. (1954): Beobachtungen über die winterlichen Schlafgewohnheiten der Krähen und Dohlen. - Vogelwelt 75: 57; Grimm, H. (1962): Ornithologische Eindrücke von einer Exkursion nach Jugoslawien. - Falke 9: 39–45; Groebbels, F. u. F. Moebert (1937): Über die Beziehungen zwischen Legefolge und Brutbeginn bei den Rabenvögeln. - Beitr. Fortpfl. Vögel 13: 30–31; Größler, K. (1963): Ornithologische Notizen vom Balaton. - Falke 10: 46–51; dgl. (1984): Avifaunistische Mitteilungen aus den Bezirken Leipzig, Karl-Marx-Stadt, Dresden. - Actitis, H. 23; Grote, M. (1943) Beutetiere des Fischadlers. - Beitr. Fortpfl. Vögel 14: 226–227 u. 15; 27 u. 73; Günther, R. (1969): Die Vogelwelt Geras und seiner Umgebung. - Veröff. Städt. Mus. Gera, H. 1

Haenschke, W., H. Hampe, P. Schubert, u. E. Schwarze (1985): Die Vogelwelt von Dessau und Umgebung. 2. Teil. - Naturw. Beitr. Mus. Dessau, Sonderh.; Haensel, J. (1965): Ergebnisse einer weiteren Krähenbekämpfungsaktion. - Falke 12: 315–316; Haensel, J., u. H. König (1978): Die Vögel des Nordharzes und seines Vorlandes - Naturk. Jber. Mus. Heineanum 9 (3); Härms, M. (1927): Eesti linnustik. (Ornithofauna Estlands). Tartu; Hartert, E. (1910–1922): Die Vögel der palaearktischen Fauna. Bd. 1. Berlin; Haverschmidt, F. (1934): Vergewaltigung einer brütenden Rabenkrähe. - Beitr. Fortpfl. Vögel 10: 73 u. 226; Heinroth, O. (1898): Über den Verlauf der Schwingen- und Schwanzmauser der Vögel. - SB. Ges. naturf. Fr. Berlin 1: 109; dgl. (1922): Die Beziehungen zwischen Vogelgewicht, Eigewicht, Gelegegewicht und Brutdauer. - J. Orn. 70: 172–285; dgl., u. M. Heinroth (1924): Die Vögel Mitteleuropas. Bd. 1. Berlin; Herrick, F. H. (1911): Nest and nest-building in birds. - J. Animal Behav. 1: 159–192, 244–277, 336–373; Heyder, R. (1952): Die Vögel des Landes Sachsen. Leipzig; Hildebrandt H., u. W. Semmler (1975): Ornis Thüringens. Teil 1: Passeriformes. - Thür. Orn. Rundbr., Sonderh. 2; Hilprecht, A. (1974): Vogeltragödien I. - Falke 21: 294–297; Höland, J., u. K. Schmidt (1983): Zur Vogelwelt des Bezirkes Suhl. 4. Teil. Suhl; Höser, N. (1982): Die Brutpaardichte der Krähenvögel (*Corvidae*) im Altenburger Land 1982. - Veröff. Mus. Mauritianum Altenburg 11: 48; Hoffmann, B. (1937): Vom Ursprung und Sinn deutscher Vogelnamen. Bernburg; Hudec, K. (1983): Fauna ČSSR. Ptaci - Aves. Prag; Hyytiä, K., E. Kellomäki, u. J. Koistinen (1983): Suomen Lintuatlas. Helsinki

Ivanauskas, T. (1964): Lietuvos pauksciai. Bd. 3. Vilnius

Jacobi, R. (1960): Die Fußhaltung der Vögel im Flug. - Falke 7: 194–195; Jourdain, F. C. R. (1927): Wer baut das Nest? - Orn. Mber. 35: 177; dgl., u. B. W. Tucker (1926/27): Birds of Oxfordshire, Berkshire and Buckinghamshire 1925 and 1926. - Rep. Oxford Orn. Soc. Oxford Jovetic, R. (1961): Zivot rode bijele, *Ciconia ciconia*, n Makedoniji. - Larus 15: 28–29; Jung, N. (1975): Zum Problem der Halsbanddohlen. - Falke 22: 194

Kaatz, C. (1984): Ein Ansiedlungsversuch mit der Dohle - 1.Mitt. - Falke 30: 44–46; dgl. (1986): Fortführung eines Dohlenansiedlungsversuches - 2.Mitt. - ebd. 33: 328–331; Kaiser, W. (1955): Die Vögel des Kreises Demmin. - ebd. 2: 88–96 u. 114–121; Kalitsch, L.v. (1943): Zum Brutgeschäft der Dohle und zur Frage des Dohlenzuges. - Beitr. Fortpfl. Vögel 19: 116–117; Keve, A. (1960): Nomenclator Avium Hungariae. Budapest; Kirchner, H. (1933): Über das Brüten der Dohle in Kaminen. - Beitr. Fortpfl. Vögel 9: 140; Klafs, G., u. J. Stübs (1977): Die Vogelwelt Mecklenburgs. Jena; dgl. (1979): Die Vogelwelt Mecklenburgs. 2. Aufl., Jena; dgl. (1987): Die Vogelwelt Mecklenburgs. 3.Aufl., Jena; Klebb, W. (1984): Die Vögel des Saale-Unstrut-Gebietes um Weißenfels und Naumburg. - Apus 5 (5/6): 277–278; Kleiner, A. (1939): The Jackdaws of the Palearctic Region etc. - Bull. B. O. C. 1939–40: 11–14; Kleinschmidt, O. (1918): Neubeschreibung von Vögeln und Schmetterlingen. - Falco 14: 16; dgl. (1935): Der Formenkreis Dohle, *Corvus Coloeus* (Kl.). - Berajah, Zoographia infinita. Halle; dgl. (1936): Beobachtungen an Dohlen. - Falco 32: 29; Kluijver, H.N. (1945): Eenige gegevens over het voedsel en de economische beteekenis van de Kauw (*Coloeus monedula*). - Limosa 18 (1): 1; Kneis, P., u. M. Görner (1981): Zur Ansiedlung der Türkentaube außerhalb von Ortschaften. - Falke 28: 298–308; Knorr, F. (1966): Vögel kontra Flugzeuge. - ebd. 13: 336–340; Knorre, D. von et al. (Hrsg.) (1986): Die Vogelwelt Thüringens. Jena; Köcher, W., u. H. Kopsch (1983): Die Vogelwelt der Kreise Grimma, Oschatz und Wurzen. - Sonderh. Aquila, Teil V; Krambrich, A. (1954): Beobachtungen über die winterlichen Schlafgewohnheiten der Krähen und Dohlen. - Vogelwelt 75: 55–57; Kretzói, M. (1952): Befejezö jelentés a csákvári barlang öslénytani feltárásáról. (Schlußmeldung über die paläontol. Erschließung d. Höhle von Csákvár) Jber. Geol. Anst. Budapest, S. 37–69; Kuhk, R. (1931): Brutbiologische Beobachtungen am Nest der Nebelkrähe (*Corvus corone cornix* L.). - J. Orn. 79: 269–278; dgl. (1939): Die Vögel Mecklenburgs. Güstrow; dgl. (1966): Vogelbeobachtungen aus dem Jahre 1939 am Krakower See in Mecklenburg. - Naturschutzarb. Mecklenb. 9 (1): 4–5; Kulczycki, A. (1973): Nesting of the Members of the Corvidae in Poland. - Acta zool. Cracov. 18: 583–666; Kumari, E. (1954): Eesti NSV linnud. Tartu; dgl. (1984): Eesti linude välimääraja. Tallinn; Kumerloeve, H. (1932): Beiträge zur Kenntnis der Avifauna des österreichischen und italienischen Alpengebietes. - Vogelwelt 31: 72–81

Lambert, K. (1965): Ungewöhnlicher Saatkrähen- und Dohlenschlafplatz auf Hiddensee. - Falke 12: 318; Lambrecht, K. (1912): Fossile Vögel des Borsoder Bükk-Gebirges. - Aquila 19: 270–287; Laven, H. (1940): Nestbaustudien. - Orn. Mber. 48; 128–131; dgl. (1940a): Über Nachlegen und Weiterlegen. - ebd. 48: 131–136; Liebe, K. T. (1873): Die Umgebung von Gera angehörigen Brutvögel. Leipzig; Lindner, H. (1926): *Coloeus monedula collaris* in Sachsen. - Mitt. Ver. Sächs. Orn. 1: 211; Litzbarski, B., u. G. Hübner (1967): Die Vogelwelt des Tonabbaugeländes bei Zehdenick, Kr. Gransee. - Veröff. Mus. Potsdam 14 (Beitr. Tierwelt Mark IV): 105–129; Lockie, J. D. (1955): The breeding and feeding of Jackdaws and Rooks, with notes on Carrion Crows and other Corvidae. - Ibis 97: 341–369; dgl. (1956): Winter Fightning in Feeding Flocks of Rooks, Jackdaws, and Carrion Crows. - Bird Study 3: 180–190; Löhrl, H. (1952): Einemsen junger Eichelhäher. - Orn. Beob. Bern 49: 28; Lorenz, K. (1931): Beiträge zur Ethologie sozialer Corviden. - J. Orn. 79: 67–127; dgl. (1932): Betrachtungen über das Erkennen der arteigenen Triebhandlungen der Vögel. - ebd. 80: 50–98; dgl. (1971): Er redete mit dem Vieh, den Vögeln und den Fischen. 16. Aufl. München; Lowe, F. (1954): The Heron. London; Lübcke, W. (1954): Ergänzungen zum Buch des Herrn Dr. Rudolf Kuhk: „Die Vögel Mecklenburgs". - Arch. Nat. Mecklenb. 1: 135–179

März, R. (1954): Neues Material zur Ernährung des Uhus. - Vogelwelt 75: 181–188; Makatsch, W. (1950): Die Vogelwelt Macedoniens. Leipzig; dgl. (1951): Der Vogel und seine Jungen. - N. Brehm-Büch. 41, Leipzig; dgl. (1956): Die Vögel in Haus, Hof und Garten. Radebeul; dgl. (1959): Der Vogel und sein Ei. - N. Brehm-Büch. 3, 4.Aufl.; dgl. (1967): Kein Ei gleicht dem anderen. Radebeul; dgl. (1976): Die Eier der Vögel Europas. Bd. 2. Leipzig u. Radebeul; dgl., u.

R. Dwenger (1976): Der Dohlenturm in Heuckewalde. - Vögel Heimat 46: 150–15⁷; dgl. (1977): Wir bestimmen die Vögel Europas. 3. Aufl. Leipzig u. Radebeul; Mansfield, Earl of (1937): Number of eggs laid by the Jackdaw. - Brit. Birds 31: 25; Mauersberger, G. (1969): Urania Tierreich. Bd. 5., Vögel. Leipzig, Jena u. Berlin; Mayaud, N. (1933): Notes et remarques sur quelques Corvidés. III. Le Choucas. - Alauda 5: 345–362; Mebs, T. (1957): Ornithologische Beobachtungen in Sizilien. - Vogelwelt 78: 169–176; Melde, M. (Mskr.): Die Krähenvöge. in der Oberlausitz. - Abh. Ber. Naturkundemus. Görlitz; Mildenberger, H. (1984): Die Vögel des Rheinlandes. Bd. 2. Düsseldorf (Beiträge zur Avifauna des Rheinlandes 19–21: 586–589); Mökkel, R., u. J. Wolle (1982): Hohltaubenhege. Eine Anleitung zum Handeln. - Falke 29: 2⁹4–303

Nagel, W. O. (1938): Welding celluloid bands. - Bird Banding 9: 113; Nagy, E. (1908): *Corvus frugilegus* L. und *Coloeus monedula* (L.) als Witterungsanzeiger. - Aquila 15: 315; Nankinov, D. (1981): Etappen der Urbanisierung und Synanthropisierung der Vögel Bulgariens (bulgarisch). - Orn. Inf. Bul. Sofia, H. 9: 9–29; Naumann, J. F. (1905). Naturgeschichte der Vöge. Mitteleuropas, Bd. IV (Hrsg. C. R. Hennicke). Gera-Untermhaus; Nicolai, B., E. Briesemeister, H. Stein, u. K.-J. Seelig (1982): Avifaunistische Übersichten - Passeriformes. Magdeburg; Niethammer, G. (1937): Handbuch der deutschen Vogelkunde. Bd. 1. Leipzig; dgl, u. E. Merzinger (1943): Über die Beteiligung am Brutgeschäft der Elster nach Alter und Geschlecht. - Beitr. Fortpfl. Vögel 19: 21–22; dg., H. Kramer, u. H. E. Wolters (1964): Die Vögel Deutschlands. Artenliste. Frankfurt/Main; Nowak, R. (1965): Vögel mit mißgebildeten Schnäbeln. - Falke 12: 122–130

Olstad, O. (1935): Undersøkelse over Krakens forplantningsforhold. - Skr. Norske Vid. Ak. Oslo I., Mat.-Nat. Kl. 1 (3): 1–48; Ornithologische Arbeitsgruppe Berlin (West) (1984): Brutvogelatlas Berlin (West). - Orn. Ber. Berlin (West) 9 (Sonderh.): 304; Owen, J.H. (1930): Breeding-habits of the Jackdaw. - Brit. Birds 24: 51–52; dgl. (1931): A note on the nesting of the Jackdaw. - ebd. 25: 53; Owen, D.F. (1959): The breeding season and clutch size of the Rook *Corvus frugilegus* - Ibis 101: 235–239

Petzold, H.-G. (1958): Einige Bilder und Gedanken zum Thema „Kronismus beim Weißstorch". - Beitr. Vogelk. 6: 261–265. Peus, F. (1952): Steppenvögel mitten in Berlin. - Vogelwelt 73: 1–6; dgl. (1968): Zur Kenntnis der Flöhe Deutschlands. - II. Faunistik und Ökologie der Vogelflöhe (Insecta, Siphonaptera). - Zool. Jb. Syst. 95: 571–633; Pfeifer, S. (1956): Schneebaden beim Tannenhäher und anderen Corviden. - Orn. Mitt. 8: 148–149; Pflugbeil,. A. (1938): Beobachtungen an einem Winterschlafplatz der Krähen. - Mitt. Ver. Sächs. Orn. 5: 206–212; Piechocki, R. (1957): Über Vogelverluste im Winter 1956. - Falke 5: 5–10 u. 39–40; dgl. (1964): Über die Vogelverluste im strengen Winter 1962/63 und ihre Auswirkungen auf den Brutbestand 1963. - ebd. 11: 10–15 u. 50–58; Plath, L. (1985): Der Brutvogelbestand am Havelberger Dom. - Falke 32: 42–44; dgl. (1986): Gezielter Schutz für Dohlen. - Unsere Jagd 36: 149; dgl. (im Druck): Bestandsdichte und Verbreitung der Dohle in Mecklenburg. - Falke; Pörner H. (1980): 80 Jahre wissenschaftliche Vogelberingung. II. Die Beringung ab 1900 als Teil der Vogelzugforschung. - Falke 27: 272–277; dgl. (1982): 80 Jahre wissenschaftliche Vogelberingung. III. Die Vogelberingung in der DDR. - ebd. 29: 164–170; Prill, H., P. Wernicke, u. F. Erdmann (1985): Ergebnisse der Krähenerfassung 1985. - ebd. 32: 393; Prinzinger, R. (1976): Temperatur- und Stoffwechselregulation der Dohle *Corvus monedula* L., Rabenkrähe *Corvus corone corone* L. und Elster *Pica pica* L.; Corvidae. - Anz. orn. Ges. Bayern 15: 1–47; dgl., u. B. Wurst (1973): Speiballenbildung und Gastrolithenaufnahme bei der Dohle, *Corvus monedula*. - Beitr. Vogelk. 24: 250–252

Quantz, B. (1930): Bemerkenswerte Dohlen-Nistplätze. - Beitr. Fortpfl. Vögel 6: 214–215; Querengässer, A. (1973): Über das Einemsen von Singvögeln und die Reifung dieses Verhaltens. - J. Orn. 114: 96–117

Rappe, A. (1965): Notes sur des dortoirs de Corvidés. - Gerfaut 55: 3–15; Reindl, M. (1955): Das Schneebad des Kolkraben. - Natur Land 41: 11; Rheinwald, G. (1982): Brutvogelatlas der Bundesrepublik Deutschland – Kartierung 1980. - Schr.R. DDA Bonn 6; Riggenbach, H. E. (1951): Notizen über eine Dohlenkolonie. - Orn. Beob. Bern 48: 47–51; Ringleben, H. (1944): Beobachtungen an einem Brutpaar der Dohle in Dorpat. - Beitr. Fortpfl. Vögel 20: 45–47; Rinnhofer, G., u. D. Saemann (1968): Zur Vogelwelt auf Großstadt-Ruderalstellen am Erzgebirgsrand. - Zool. Abh. Ber. Mus. Tierk. Dresden 29 (19): 1–5; Robel, D., u. D. Königstedt (1985): Ornithologische Eindrücke von einer Touristenreise in die Mongolische Volksrepublik (Teil 2). - Falke 32: 57–61; Rörig, G. (1900): Magenuntersuchungen land- und forstwirtschaftlich wichtiger Vögel. Arb. biol. Abt. Forst- u. Landw. Berlin, Bd. 1; Rothgänger, H. (1971): Beobachtungen an Krähensammelplätzen. - Falke 18: 351–353; Rudat, V. (1974): Nisthilfearbeiten für Dohlen und Turmfalken an der Göschwitzer Autobahnbrücke. - Thür. Orn. Rundbr. 22; 8–9; dgl. (1975): Die Dohle - Corvus monedula (L.). - Ber. Avifauna Gera, 4 S.; Rutschke, E. (Hrsg.) (1983): Die Vogelwelt Brandenburgs. Jena; Rydzewski, W. (1978): The longevity of ringed birds. - The Ring 96–97: 218–262

Saemann, D. (1969): Türkentaube als Beute des Turmfalken. - Falke 16: 31; dgl. (1970): Die Brutvogelfauna einer sächsischen Großstadt. - Veröff. Mus. Naturk. Karl-Marx-Stadt 5: 21–85; 31; dgl. (1976): Beobachtungskartei Augustusburg. - Actitis 11: 80; Salmen, H. (1982): Die Ornis Siebenbürgens". Bd. 2. Köln – Wien, S. 616–619; 80; Sauer, F. (1957): Ein Beitrag zur Frage des „Einemsens" von Vögeln. - J. Orn. 98: 313–317; Sauerbier, W. (1984): Die Vogelwelt im Stadtgebiet Bad Frankenhausen. - Orn. Jber. Mus. Heineanum 8/9: 37–46; SOVON (1987): Atlas van de Nederlandse Vogels, Arnhem; 37–46; Scherhag, R. (1963): Die größte Kälteperiode seit 223 Jahren. - Naturw. Rdsch. 16: 169–174; Schiemenz, H. (1959): Greifvogelkunde für den Jäger. Berlin; Schierer, A. (1952): Einemsen bei einer jungen Elster. - Orn. Beob. Bern 49: 28; Schildmacher, H. (1955): Ornithologische Beobachtungen auf Hiddensee während der Sonnenfinsternis am 30. Juni 1954. - Beitr. Vogelk. 4: 61–64; Schlegel, R. (1925): Die Vogelwelt des nordwestlichen Sachsenlandes. Leipzig; Schmidt, K. (1974): Zum Vorkommen der Dohle, Corvus monedula L., im Bezirk Suhl. - Thür. Orn. Rundbr. 22: 10–13; dgl. (1987): Mehr Beachtung und Schutz den Brutdohlen Mitteleuropas. - Falke 34: 151–159; Schnurre, O. (1954): Vom norddeutschen Uhu. - Vogelwelt 75: 229–233; Schönwetter, M. (1931): Vogeleier aus Kansu (III). - J. Orn. 79: 306–314; Schonert, H., u. G. Heise (1970): Die Vögel des Kreises Prenzlau. - Orn. Rundbr. Mecklenb., H. 11: 1–43; Schramm, A. (1985): Untersuchungen über den Aktionsradius von Corviden im Winterquartier. - Falke 32: 48–50; Schüz, E. (1935): Von den Wanderungen der Dohle (Coloeus monedula). - Vogelzug 6: 33–39; dgl. (1957): Das Verschlingen eigener Jungen („Kronismus") bei Vögeln und seine Bedeutung. - Vogelwarte 19: 1–15; Schuster, L. (1928): Einige brutbiologische Beobachtungen aus dem Jahr 1928. - Beitr. Fortpfl. Vögel 4: 209; dgl. (1954): Beobachtungen über die winterlichen Schlafgewohnheiten der Krähen und Dohlen. - Vogelwelt 75: 59–60; Seelig, K. J. (1982): Avifaunistische Übersichten – Passeriformes – des OAK Mittelelbe-Börde. Sonderh. GNU-Bezirksvorst. Magdeburg, S. 92–93; Sharrock, J. T. R. (1976): The Atlas of Breeding Birds in Britain and Ireland. Poyser; Simmons, K. E. L. (1951): Interspecific territorialism. - Ibis 93: 407–413; Sprehn, C. (1959): Acanthocephala. In: P. Brohmer, P. Ehrmann u. G. Ulmer, Die Tierwelt Mitteleuropas. Bd. 1, Lfg. 6, Leipzig; dgl. (1960): Trematoda und Cestoidea. - ebd. Bd. 1. Lfg. 3 b; dgl. (1961): Parasitische Nematoden. - ebd. Bd. 1, Lfg. 5 b; Spretke, T. (1986): Avifaunistischer Jahresbericht 1981 für den Bezirk Halle. - Apus 6 (3): 98–118; Stage, J. (1972): Über die Bedeutung der Ornithologie für das Militärwesen. - Falke 19: 347–351 u. 386–389; Stein, J. (1978): Altholzinseln – ein neuartiges Biotop-Schutzprogramm im hessischen Wald. Naturschutz Nordhessen, H. 2; Steinbacher, G. (1956): Zur Vogelfauna der Mark Brandenburg III. - Beitr. Vogelk. 4: 301–309; Steinke, G. (Mskr.): Die Vögel der Altmark; Stieve, H. (1918): Die Entwicklung des Eierstockeies der Dohle (Coloeus monedula). Ein Beitrag zur Frage nach den physiologischerweise im

Ovar stattfindenden Rückbildungsvorgängen. - Arch. mikr. Anat. 92, II: 137–288; Strauß, E. (1939): Vergleichende Beobachtungen über Verhaltensweisen von Rabenvögeln. - Z. Tierpsychol. 2: 145–172; Stresemann, E. (1927–1934): Aves. In: Kükenthal-Krumbach, Handbuch der Zoologie. Bd. 7, 2. Hälfte, Berlin u. Leipzig; dgl. (1931): Aves, ebd. Bd. 7, S. 389; dgl. (1948): Besprechung in Orn. Ber. 1: 246–247 von Goodwin, O.: Anting of tame Jay. - Brit. Birds 40: 274–275; Striegler, K. (o. J.): Baumbrütende Dohlen im Branitzer Park bei Cottbus. Unveröff. Mskr., 6 S.; dgl., U. Striegler, u. K.-D. Jost (1982): Große Siedlungsdichte des Schwarzspechtes im Branitzer Park bei Cottbus. - Falke 29: 164–170; Stubbe, M. (1983): Raubwild, Raubzeug, Krähenvögel. Berlin; Sunkel, W. (1928): Bedeutung optischer Eindrücke der Vögel für die Wahl ihres Aufenthaltsortes. - Z. wiss. Zool. 132: 171–175

Taux, K. (1976): Über Nisthöhlenanlage und Brutbestand des Schwarzspechtes (Dryocopus martius) im Landkreis Oldenburg (Oldb.). - Vogelk. Ber. Nieders. 8 (3): 65–75; Teixeira, R. M. (1979): Atlas van de Nederlandse Broedvogels. Amsterdam; Thiele, A. (im Druck): Massenmord an Vögeln durch Pflanzenschutzmittel. - Erfurter Faun. Inform. 1986; Thieme, W. (Mskr.): Dohle: Corvus monedula L. - Beiträge zur Avifauna Sachsens. Thienemann, J. (1931): Vom Vogelzuge in Rossitten. Neudamm; Tinbergen, N. (1958): Die Welt der Silbermöwe. Göttingen; Tischler, F. (1941): Die Vögel Ostpreußens und seiner Nachbargebiete. Bd. 1. Königsberg S. 58–67; Tuchscherer, K. u. D. Förster (1965): Ornithologische Beobachtungen in der Umgebung von Konstanza. - Falke 12: 236–241; Trenovski, E. (1981): Vogelbeobachtungen beim Dorf Vaksevo (Bez. Kjustendi) (bulgarisch). - Orn. Inf. Bul. Sofia, H. 10: 56; Tugarinow, A., u. S. Buturlin (1925): Materialien über die Vögel des Jenisseischen Gouvernements. - Berichte und Übersetzungen von Hermann Grote. - Falco (Sonderh.): 158

Urban, S., u. A. Schifferli (1973): Untersuchungen über die Auswirkungen von Pestizidverschmutzung auf Vögel im südlichen Ungarn. - Orn. Beob. Bern 70: 1–18; Uttendörfer, O. (1930): Studien zur Ernährung unserer Tagraubvögel und Eulen. - Abh. naturf. Ges. Görlitz 31: 1–210; dgl. (1939): Die Ernährung der deutschen Tagraubvögel und Eulen. Neudamm; dgl. (1952): Neue Ergebnisse über die Ernährung der Greifvögel und Eulen. Stuttgart u. Ludwigsburg

Van Dijk, A.J., u. B.L.J. Van Os (1982): Vogels van Drenthe, Assen; Vaurie, C. (1959): The birds of the Palearctic Fauna. London; Viksne, J. (1983): Birds of Latvia. Territorial distribution and number. Riga (russ./engl.); Vökler, F. (1985): Bemerkungen zum Verhalten der Kolkraben. - Falke 32: 78–83; Vogelwerkgroep Avifauna West-Nederland (1981): Randstad en Broedvogels. Tilburg; Voous, K. H. (1962): Die Vogelwelt Europas und ihre Verbreitung. Hamburg und Berlin; Vries, T.G. de (1951): Oölogische en nidologische mededelingen 1950/51. - Limosa 24: 138–141

Wackernagel, H. (1951): Eine Beobachtung von Einemsen bei einer isoliert aufgezogenen Rabenkrähe (Corvus corone L.). - Orn. Beob. Bern 48: 150–156; Waldeck, K., u. G. Bosch (1932): Nesten van de kauw, Coloeus monedula spermologus, in konijnenholen. - Org. Club Nederl. Vogelk. 5: 82; Weigold, H., O. Kleinschmidt u. E. Hartert (1922): Zoologische Ergebnisse der W. Stötznerschen Expedition nach Szetschwan, Osttibet und Tschili. - Abh. Ber. Zool. Mus. Dresden 15: 2–3; Weisbach, K. (o. J.): Die Dohle, Corvus monedula (L.). Mskr., Angaben f. den Bez. Leipzig zur Avifauna Sachsens. dgl. (Mskr.): Brutvogelkartierung für den Bezirk Leipzig; Wendland, V. (1956): Die Brutvögel der Forsten Bernau, Schönwalde, Lehnitz und Birkenwerder. - Falke 3: 89–91 u. 115–120; Westerfrölke, P. (1952): Schlafgesellschaften von Elstern und gemeinsame Flüge zu den Schlafplätzen. - Vogelwelt 73: 113–135; dgl. (1954): Beobachtungen über die winterlichen Schlafgewohnheiten der Krähen und Dohlen. - ebd. 75: 57; Witherby, H. F., F. C. R. Jourdain, N. F. Ticehurst u. B. W. Tucker (1949): The Handbook of British Birds. Vol. I, London; Wittenberg, J. (1968): Freilanduntersuchungen zu Brutbiologie und Verhalten der Rabenkrähe (*Corvus c. corone*). - Zool. Jb. Syst. 95: 16–146; W o l t e r s, H.E. (1975–1982): Die Vogelarten der Erde. Hamburg u. Berlin; W y n n e - E d w a r d s, V.C. (1962); Animal Dispersion in relation to Social Behaviour. Edinburgh u. London

Z i m m e r m a n n, R. (1931): Einiges über das Brutgeschäft deutscher Rabenvögel. - Orn. Mber. 39: 99–102; Z i m m e r m a n n, D. (1951): Zur Brutbiologie der Dohle. - Orn. Beob. Bern 48: 73–111; dgl. (1952): Dohlen fressen Aas. - ebd. 49: 98

21. Register